RELAÇÕES DE GÊNERO, EDUCAÇÃO MATEMÁTICA E DISCURSO

ENUNCIADOS SOBRE MULHERES, HOMENS E MATEMÁTICA

COLEÇÃO TENDÊNCIAS EM EDUCAÇÃO MATEMÁTICA

RELAÇÕES DE GÊNERO, EDUCAÇÃO MATEMÁTICA E DISCURSO

ENUNCIADOS SOBRE MULHERES, HOMENS E MATEMÁTICA

Maria Celeste R. F. de Souza
Maria da Conceição F. R. Fonseca

2ª edição

autêntica

Copyright © 2010 Maria Celeste Reis Fernandes de Souza e
Maria da Conceição Ferreira Reis Fonseca
Copyright desta edição © 2024 Autêntica Editora

Todos os direitos reservados pela Autêntica Editora Ltda. Nenhuma parte desta publicação poderá ser reproduzida, seja por meios mecânicos, eletrônicos, seja via cópia xerográfica, sem a autorização prévia da Editora.

COORDENADOR DA COLEÇÃO TENDÊNCIAS EM EDUCAÇÃO MATEMÁTICA
Marcelo de Carvalho Borba
(Pós-Graduação em Educação Matemática/Unesp, Brasil)
gpimem@rc.unesp.br

CONSELHO EDITORIAL
Airton Carrião (COLTEC/UFMG, Brasil), Hélia Jacinto (Instituto de Educação/Universidade de Lisboa, Portugal), Jhony Alexander Villa-Ochoa (Faculdade de Educação/Universidade de Antioquia, Colômbia), Maria da Conceição Fonseca (Faculdade de Educação/UFMG, Brasil), Ricardo Scucuglia da Silva (Pós-Graduação em Educação Matemática/Unesp, Brasil)

EDITORAS RESPONSÁVEIS
Rejane Dias
Cecília Martins

REVISÃO
Aiko Mine

CAPA
Alberto Bittencourt

DIAGRAMAÇÃO
Guilherme Fagundes

Dados Internacionais de Catalogação na Publicação (CIP)
(Câmara Brasileira do Livro, SP, Brasil)

Souza, Maria Celeste Reis Fernandes de
  Relações de gênero, educação matemática e discurso : enunciados sobre mulheres, homens e matemática / Maria Celeste Reis Fernandes de Souza, Maria da Conceição Ferreira Reis Fonseca. -- 2. ed. -- Belo Horizonte, MG : Autêntica Editora, 2024. -- (Tendências em educação matemática, 22)

  Bibliografia
  ISBN 978-65-5928-414-6

  1. Identidade de gênero na educação 2. Matemática - Estudo e ensino 3. Relações de gênero I. Fonseca, Maria da Conceição Ferreira Reis. II. Título. III. Série.

24-200534   CDD-510.7

Índices para catálogo sistemático:
1. Matemática : Estudo e ensino 510.7

Eliane de Freitas Leite - Bibliotecária - CRB 8/8415

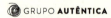

Belo Horizonte
Rua Carlos Turner, 420
Silveira . 31140-520
Belo Horizonte . MG
Tel.: (55 31) 3465 4500

São Paulo
Av. Paulista, 2.073 . Conjunto Nacional
Horsa I . Sala 309 . Bela Vista
01311-940 . São Paulo . SP
Tel.: (55 11) 3034 4468

www.grupoautentica.com.br
SAC: atendimentoleitor@grupoautentica.com.br

Nota do coordenador

A produção em Educação Matemática cresceu consideravelmente nas últimas duas décadas. Foram teses, dissertações, artigos e livros publicados. Esta coleção surgiu em 2001 com a proposta de apresentar, em cada livro, uma síntese de partes desse imenso trabalho feito por pesquisadores e professores. Ao apresentar uma tendência, pensa-se em um conjunto de reflexões sobre um dado problema. Tendência não é moda, e sim resposta a um dado problema. Esta coleção está em constante desenvolvimento, da mesma forma que a sociedade em geral, e a, escola em particular, também está. São dezenas de títulos voltados para o estudante de graduação, especialização, mestrado e doutorado acadêmico e profissional, que podem ser encontrados em diversas bibliotecas.

A coleção Tendências em Educação Matemática é voltada para futuros professores e para profissionais da área que buscam, de diversas formas, refletir sobre essa modalidade denominada Educação Matemática, a qual está embasada no princípio de que todos podem produzir Matemática nas suas diferentes expressões. A coleção busca também apresentar tópicos em Matemática que tiveram desenvolvimentos substanciais nas últimas décadas e que podem se transformar em novas tendências curriculares dos ensinos fundamental, médio e superior. Esta coleção é escrita por pesquisadores em Educação Matemática e em outras áreas da Matemática, com larga experiência docente, que pretendem estreitar as interações entre a Universidade – que produz pesquisa – e os diversos cenários em que se realiza essa educação. Em alguns livros, professores da educação básica se tornaram também autores. Cada livro indica uma extensa bibliografia na qual o leitor poderá buscar um aprofundamento em certas tendências em Educação Matemática.

Neste livro, as autoras nos convidam a refletir sobre o modo como as relações de gênero permeiam as práticas educativas, em particular as que se constituem no âmbito da Educação Matemática. Destacando o caráter discursivo dessas relações, este livro entrelaça os conceitos de gênero, discurso e numeramento, para discutir enunciados envolvendo mulheres, homens e matemática. As autoras elegeram quatro enunciados que circulam recorrentemente em diversas práticas sociais: "Homem é melhor em matemática (do que mulher)"; "Mulher cuida melhor... mas precisa ser cuidada"; "O que é escrito vale mais"; "Mulher também tem direitos". A análise que elas propõem aqui mostra como os discursos sobre relações de gênero e matemática repercutem e produzem desigualdades, impregnando um amplo espectro de experiências, que abrange aspectos afetivos e laborais da vida doméstica, relações de trabalho e modos de produção, produtos e estratégias da mídia, instâncias e preceitos legais e o cotidiano escolar.

*Marcelo de Carvalho Borba**

---

* Marcelo de Carvalho Borba é licenciado em Matemática pela UFRJ, mestre em Educação Matemática pela Unesp (Rio Claro, SP) doutor, nessa mesma área pela Cornell University (Estados Unidos) e livre-docente pela Unesp. Atualmente, é professor do Programa de Pós-Graduação em Educação Matemática da Unesp (PPGEM), coordenador do Grupo de Pesquisa em Informática, Outras Mídias e Educação Matemática (GPIMEM) e desenvolve pesquisas em Educação Matemática, metodologia de pesquisa qualitativa e tecnologias de informação e comunicação. Já ministrou palestras em 15 países, tendo publicado diversos artigos e participado da comissão editorial de vários periódicos no Brasil e no exterior. É editor associado do ZDM (Berlim, Alemanha) e pesquisador 1A do CNPq, além de coordenador da Área de Ensino da CAPES (2018-2022).

*Na imaginação ocidental, a razão pertenceu
por muito tempo à terra firme. Ilha ou continente,
ela repele a água com uma obstinação maciça: ela só
lhe concede sua areia. A desrazão, ela, foi aquática,
desde o fundo dos tempos e até uma data bastante
próxima. E mais, precisamente, oceânica: espaço
infinito, incerto; figuras moventes, logo apagadas,
não deixam atrás delas senão uma esteira e uma
espuma; tempestades ou tempos monótonos;
estrada sem caminho.*

MICHEL FOUCAULT, *A água e a loucura*

Sumário

Introdução 11

Capítulo I
Gênero, matemática e educação 17
Conceito de gênero e relações de gênero 18
Gênero e educação 23
Gênero e Educação Matemática 26

Capítulo II
Vidas em discurso: as práticas
de numeramento e a produção de enunciados 33
Relações de gênero, discurso e práticas de numeramento 35
Vidas em discurso 37
Identificando e descrevendo enunciados 43

Capítulo III
"Homem é melhor em matemática (do que mulher)": sobre
a produção da superioridade masculina para matemática 49
A captura do enunciado 49
Mulheres, homens, matemática e racionalidade cartesiana 55
Mulheres e homens na ordem do discurso matemático 59
O fortalecimento do discurso
da superioridade masculina em matemática 61
Para prosseguir na reflexão 64

Capítulo IV
"Mulher cuida melhor... mas precisa ser cuidada":
sobre a produção de "práticas de numeramento
femininas" e "práticas de numeramento masculinas" 65
A captura do enunciado 65

Mulheres e homens na ordem do discurso do cuidado 71
O fortalecimento do discurso do cuidado e a diferenciação
das práticas de numeramento como femininas e masculinas 74
Para prosseguir na reflexão 82

Capítulo V
"O que é escrito vale mais":
sobre as relações de gênero e a produção
da supremacia das práticas de numeramento escritas 83
A captura do enunciado 84
Mulheres e homens na ordem
do discurso da superioridade da escrita 90
O fortalecimento da supremacia
da escrita e as relações de gênero 94
Para prosseguir na reflexão 98

Capítulo VI
"Mulher também tem direitos": sobre a produção
da igualdade de gênero e do tensionamento
da superioridade masculina para matemática 99
A captura do enunciado 99
Mulheres e homens na ordem do discurso feminista 103
O fortalecimento (e o questionamento)
do discurso sobre os direitos da mulher 105
Para prosseguir na reflexão 115

Capítulo VII
Relações de gênero, tensões discursivas
e práticas de numeramento 117
Tensões 117
Repercussões 125
Para prosseguir na reflexão 130

Referências 133

Introdução

Discutir as relações entre gênero e matemática ainda constitui, de certa forma, uma "novidade" no campo da Educação Matemática no Brasil. Nesse campo, as reflexões sobre relações de gênero aparecem muito timidamente nas pesquisas e dificilmente se configuram como o foco das investigações. As tensões que se estabelecem nessas relações, e que envolvem conhecimentos e práticas matemáticas, parecem-nos, porém, decisivas na análise de diversos fenômenos que preocupam educadoras e educadores, pesquisadoras e pesquisadores da Educação Matemática e apontam, desse modo, para a necessidade de discussões que se voltem para essas relações buscando compreender como elas se "expressam na especificidade do cotidiano escolar e, em especial, nos processos de educação matemática" (KNIJNIK, 2006a, p. 25).

Com esta publicação, mais do que preencher uma lacuna teórica nesse campo, trazendo à cena um feminino que fora antes intencionalmente esquecido, queremos convidar leitoras e leitores a observar, de modo mais atento, as práticas educativas de matemática que produzem "diferenças, distinções e desigualdades" (LOURO, 1997, p. 57). Nessa observação, vamos identificar uma produção discursiva sobre mulheres, homens e matemática que gera relações desiguais entre eles e elas e que ultrapassam o espaço escolar, reforçando *um certo lugar* ocupado pelas mulheres na sociedade ocidental.

Ao voltarmos nosso olhar para essas relações de "gênero e matemática", procuramos, porém, não nos deixar capturar pelo que Valerie Walkerdine (2003) chama de "armadilha"[1] nos modos de olhar tais relações. A primeira dessas armadilhas é denunciada pela própria autora, quando nos alerta quanto às explicações sobre diferenças de desempenho na matemática entre meninas e meninos que acabam por assumir uma perspectiva cognitivista, ao apontar uma *falha* feminina frente a um tipo de raciocínio tomado como "ideal".

Além dessa, queremos desengatilhar também outras armadilhas, configuradas em estratégias de naturalização das diferenças, tentação a que se pode ceder na análise comparativa de desempenho matemático de alunas e de alunos em sala de aula, ou na análise de resultados de testes que se propõem à aferição de desempenho escolar (como, por exemplo, os realizados pelo Sistema de Avaliação da Educação Básica – SAEB, ou pelo Programa Internacional de Avaliação de Estudantes – PISA, ou pelas Olimpíadas Brasileiras de Matemática – OBM), ou ainda em análises de pesquisas para avaliação de alfabetismo funcional de populações jovens e adultas nas práticas sociais (como a realizada para a construção do Indicador Nacional de Alfabetismo Funcional – INAF, ou a que subsidia o *Adult Literacy and Life Skills Survey* – ALLS). Muitas vezes, busca-se explicar tais resultados argumentando-se que seria *próprio da natureza feminina* ser mais subjetiva" e, por isso, mulheres seriam "pouco afeitas à matemática"; por outro lado, seria *próprio da natureza masculina* ser mais racional", por isso, homens seriam naturalmente "mais afeitos à matemática". Tais características de homens e de mulheres, consequentemente, favoreceriam um melhor desempenho matemático masculino, como mostram os resultados dessas avaliações.

É preciso evitar, ainda, uma outra armadilha: a de se analisar diferenças entre resultados de mulheres e homens em matemática vinculando-as aos "papéis" desempenhados por mulheres e homens na vida social, o que também estabelece certa naturalização de tais

---

[1] A autora utiliza a palavra "*trap*" para mostrar como, ao analisarmos correlações de gênero e matemática, devemos cuidar para não cairmos nas armadilhas que produzem diferenciações e desigualdades. As traduções dos textos em inglês são de nossa responsabilidade.

diferenças: "homens são *naturalmente* melhores em matemática do que as mulheres" porque "desempenham, na vida social, tarefas que favorecem tal capacidade para a matemática".

Consideramos tais explicações como armadilhas porque elas acabam por nos enredar no "jogo das regras patriarcais"[2] (WALKERDINE, 2003, p. 15), que instaura um movimento de justificação de tais regras e de concepção de mulher como um "ser em falta". Todos esses argumentos precisam, pois, ser problematizados e desnaturalizados quando se volta o olhar para práticas matemáticas de mulheres e homens. É necessário indagar-nos sobre por que, ainda nos dias atuais, as coisas estão postas dessa forma, subsistindo, "como uma verdade", que "*os homens são melhores em matemática do que as mulheres*".

Parece-nos que, na contemporaneidade, ainda sobrevive uma produção discursiva[3], que data de longo tempo, e que posiciona as mulheres como demasiadamente "irracionais, ilógicas e centradas em suas emoções, para serem boas em matemática"[4] (WALKERDINE, 2003, p. 15). Por sua vez, tal produção posiciona os homens como "*seres afeitos à razão*", portanto, "*naturalmente bons em matemática*". Em consequência dessa sua "capacidade para o raciocínio", os homens são considerados "*naturalmente capazes* para o mundo dos negócios e para o gerenciamento de suas vidas" e, muitas vezes, "das vidas das mulheres". Assim, a história continua, eternamente repetida; nessa história, a matemática tem sido produzida como *própria do masculino*, como se estivesse *na própria natureza masculina* "ser bom em matemática".

Essas reflexões interpelam-nos sobre os mecanismos de poder que se encontram engendrados nas diferenças de desempenho matemático das meninas e dos meninos, das adolescentes e dos adolescentes, das jovens e dos jovens, das mulheres adultas e dos homens adultos e das idosas e dos idosos. Indagam-nos, também,

---

[2] "*the game by patriarchal rules*".

[3] Para Foucault (2005), a produção discursiva fabrica "aquilo sobre o que se fala".

[4] "*Women, after all, are clearly irrational, illogical and too close to their emotions to be good at Mathematics*".

sobre a incidência desses mecanismos sobre o que tem sido identificado como um *desconforto das mulheres com a matemática* e uma suposta *maior aptidão masculina para matemática*, relações que se enunciam (e se produzem) nas aulas de matemática de todos os níveis e modalidades educativas. Interrogam-nos, ainda, sobre a ação desses mecanismos quando mulheres *confessam* seus "embaraçamentos" diante dessa disciplina (e os homens anunciam sua "desenvoltura"), como estamos acostumadas e acostumados a ouvir, em nossas conversas cotidianas ou em nossas salas de aula. Confissões de "embaraçamentos" e anúncio de "desenvolturas" remetem a modos de "ser mulher" e de "ser homem" em nossa sociedade. Tais "embaraçamentos" e "desenvolturas" são divulgados na mídia, comparecem em múltiplas práticas de mulheres e homens, tornam-se motivo de anedotas, são conversas de bar, estão em para-choques de caminhões, na literatura de cordel, nas novelas e séries de televisão e streaming, nas páginas eletrônicas e nas redes sociais, nas peças publicitárias... e na escola! Enfim, a "razão" (à qual "a Matemática" estaria ligada) é proclamada em prosa e verso como masculina; e a desrazão[5] (que se desvincula e se afasta da "Matemática") é caracterizada como feminina.

Questionando o que parece estar impresso no modo como se produzem e se tratam os resultados de mulheres e homens em avaliações de matemática, e no destaque dado pela mídia a esses resultados, nas ações e atitudes de mulheres e homens com relação à matemática ou às tarefas que envolvem ideias ou procedimentos matemáticos, na confissão delas sobre suas *dificuldades* e, por sua vez, na proclamação que os homens fazem (e que deles se fazem) com relação a suas *facilidades em matemática*, o que procuramos mostrar é que essa "verdade" – *homens são melhores do que mulheres em matemática* – e outras a ela relacionadas são produções discursivas, engenhosamente articuladas aos modos como temos significado em nossa sociedade feminilidades, masculinidades e

---

[5] Ao referirmo-nos à *desrazão* inspiramo-nos nos escritos foucaultianos, passando a denominar como desrazão todo o modo de vida (comportamentos, gestos, palavras, modos de pensar, relações matemáticas, etc.) que se colocam "à margem" da regra, da norma, do controle de uma razão cartesiana, ou dos discursos tomados como verdadeiros na sociedade.

matemática, em uma história cheia de "fatos, ficção e fantasia"[6] (WALKERDINE, 2003, p. 16).

É a esse questionamento que este livro se dispõe. Não se trata, pois, de confrontar aqui competências de mulheres e de homens para matemática, mas de refletir sobre os discursos que conformam as relações entre homens, mulheres e matemática numa sociedade marcada por tantas desigualdades, entre as quais, as definidas por relações de gênero. Com essa intenção, trazemos, no capítulo primeiro, a proposição da adoção do conceito de gênero como categoria de análise em trabalhos do campo da Educação Matemática. Nesse capítulo, que intitulamos "Gênero, matemática e educação", consideramos relevante empreender uma retomada do surgimento e do desenvolvimento das discussões sobre gênero nas Ciências Sociais e na pesquisa em Educação e em Educação Matemática – na investigação e na análise da prática pedagógica – apresentando, nesse processo, o conceito de gênero com o qual temos operado em nossas investigações.

No segundo capítulo – "Vidas em discurso: as práticas de numeramento e a produção de enunciados", mobilizamos o conceito de discurso como uma ferramenta para compreender relações de gênero e matemática em práticas de numeramento e explicitamos a nossa compreensão das práticas de numeramento como práticas discursivas. Apresentamos, a partir daí, um material empírico que aqui trazemos para que nossa discussão não se restrinja a uma elaboração teórica, e para que possamos compartilhar com leitoras e leitores como nossa reflexão se foi forjando no confronto com o vivido. O material que elegemos para referenciar essa reflexão é composto, principalmente, pelo que nos foi dado conhecer das vidas de catadoras e catadores de materiais recicláveis, alunas e alunos de um projeto de Educação de Pessoas Jovens e Adultas (EJA), mas também da captura que fizemos de outras vidas de mulheres e homens nas quais as relações de gênero e matemática se produzem discursivamente.

O conceito de discurso que operacionaliza nossa análise provém das contribuições do filósofo Michel Foucault. Em Foucault, a linguagem é propositiva no sentido de que produz objetos, pessoas,

---

[6] *"We want to tell a different story, full of fact and fiction and fantasy".*

práticas, modos de vida, enfim, aquilo que denominamos como "o real das coisas". Por isso, a partir do terceiro capítulo, voltamo-nos para esse discurso produtivo e nos propomos a descrever quatro enunciados que se forjam em práticas de numeramento e conformam tais práticas: "Homem é melhor em matemática (do que mulher)"; "Mulher cuida melhor... mas precisa ser cuidada"; "O que é escrito vale mais" e "Mulher também tem direitos". Com esse exercício de descrição de enunciados, pretendemos desenvolver o argumento a partir do qual tecemos a proposta deste livro, a análise empreendida em cada capítulo e as reflexões que retomamos no capítulo final: de que as relações de gênero e matemática produzem-se em discursos, que tensionam as práticas de numeramento, nelas se constituem, e as constituem como práticas generificadas.

Capítulo I

Gênero, matemática e educação

> Se admitimos que as palavras (todas elas) não nos revelam imediata e diretamente o que significam, isso fica especialmente evidente quando nos referimos a gênero. Usualmente as pessoas interessadas nessa perspectiva necessitam explicá-la e se explicar, não apenas conceituando e localizando seu objeto de estudo, como também justificando a escolha desse "objeto" (LOURO, 1995, p. 102).

No campo da Educação Matemática, especialmente no Brasil, ainda são poucos os trabalhos acadêmicos que abordam relações de gênero, seja como objeto do estudo, seja como categoria de análise. Essa escassez demanda de um projeto como o deste livro, que pretende convidar à reflexão sobre as intrincadas relações entre gênero e matemática, discutir a emergência do conceito nas Ciências Sociais e nas pesquisas sobre Educação, de modo a compreender suas nuances e repercussões no campo da Educação Matemática.

Iniciamos, pois, este capítulo, fazendo uma retomada do surgimento e do desenvolvimento das discussões sobre gênero nas Ciências Sociais e na pesquisa em Educação e em Educação Matemática, para nesse processo situar o modo como temos operado com o conceito de gênero (SOUZA; FONSECA, 2008a; 2008b; 2009a; 2009b; 2013a; 2013b; 2015; 2018), suas relações com o que se toma como Matemática e as implicações da adoção desse conceito na investigação e na análise da prática pedagógica em Educação Matemática.

Conceito de gênero e relações de gênero

A incorporação do conceito de gênero aos "estudos das mulheres" é bastante recente no campo das Ciências Sociais e das pesquisas em Educação. Sob a denominação "Estudos de Gênero", ou "Relações de Gênero", designa-se um campo de estudos relativos às relações entre mulheres e homens, nos quais o conceito de gênero tem sido utilizado por diferentes grupos de pesquisa, em uma variedade de "tramas teóricas que foram sendo articuladas no conceito" (LOURO, 1996, p. 7). Com efeito, esse conceito tem sido utilizado por estudiosas e estudiosos de múltiplas orientações teóricas, políticas e metodológicas, assumindo, por isso mesmo, sentidos e significados diversos e, até mesmo, conflitantes. Por essa razão, nem sempre se atribui o mesmo significado a gênero, nas várias oportunidades em que se mobiliza esse termo, como também são diversos os modos como se opera com tal conceito nas pesquisas acadêmicas. Assim, conforme nos alertara Guacira Louro (1995), justifica-se a necessidade de explicarmos o uso que fazemos de tal termo neste livro.

A emergência do conceito de gênero nas discussões sociológicas está relacionada, tanto do ponto de vista linguístico quanto da perspectiva política, às lutas das mulheres pela afirmação de seus direitos e às lutas dos movimentos feministas contemporâneos. Embora os estudos sobre a história da constituição desse conceito possam apresentá-la sob óticas diferentes, existe um relativo consenso das historiadoras feministas de que a trajetória dessa constituição acompanha a dos movimentos feministas, nos quais se costuma distinguir uma primeira e uma segunda onda.[7]

Louro (1997) aponta as manifestações ocorridas na virada do século XIX para o século XX em prol do direito do voto das mulheres como o início das inquietações em torno da questão feminina. A primeira onda do feminismo, portanto, começa com o movimento das

---

[7] Para compreender a constituição do campo de estudos feministas, a emergência do conceito de gênero nesse campo e as ações de diferentes grupos que concorreram para tal emergência, nesse e para além desse enquadramento em duas ondas, indicamos os trabalhos de Joan Scott (1990; 1992), Bila Sorj (1992), Guacira Louro (1995; 1996; 1997), Dagmar Meyer (2003), Sueli Carneiro (2019) e Heloisa Buarque de Hollanda (2018; 2019).

mulheres da Europa e dos Estados Unidos que reivindicava direitos políticos e sociais, como o direito de voto e melhores condições de trabalho nas fábricas. No Brasil, o movimento pelo voto feminino remonta à Proclamação da República, no final do século XIX, e se estende à medida que as mulheres vão conquistando o direito de voto[8] nos diferentes países e quando passam a agregar a essa luta "muitas outras reivindicações como, por exemplo, o direito à educação, a condições dignas de trabalho" e, naquele momento histórico, o direito "ao exercício da docência" (MEYER, 2003, p. 12).

Uma importante marca da primeira onda do movimento feminista (AUAD, 2003) é o livro de Simone de Beauvoir, *O segundo sexo*, de 1949, no qual a autora denuncia a condição da mulher relegada a ser considerada como um "segundo sexo", inferior ao "primeiro": o sexo masculino. A célebre frase "ninguém nasce mulher: torna-se mulher" (BEAUVOIR, 1980, p. 9) parece expressar as inquietações da autora sobre o que constitui ser mulher em uma sociedade na qual as relações hierárquicas entre homens e mulheres produzem outras relações que tornam a sexualidade, a economia, o trabalho, a política, a história, etc., espaços de privilégios masculinos.

A segunda onda do feminismo inicia-se na década de 1960 com as primeiras construções teóricas sobre o tema, sendo um marco dessa segunda onda a publicação, em 1963, de *A mística feminina*, de Betty Friedman, na qual a autora analisa a obra *O segundo sexo* e formula novas propostas para a reorganização do movimento feminista (AUAD, 2003).

A consolidação de um campo de "estudos da mulher" se dá a partir de 1968,[9] quando o movimento feminista se une, no Brasil e internacionalmente (LOURO, 1995), a outros grupos, como os/as intelectuais, os/as estudantes, os/as negros/as e os/as jovens, que, em sua luta por direitos civis, "expressam sua inconformidade e desencanto em relação aos tradicionais arranjos sociais e políticos, às grandes

---

[8] Daniela Auad (2003) apresenta a cronologia da conquista do voto feminino. A conquista desse direito ocorre no Brasil em 1934. O Brasil foi o 5º país a reconhecê-lo. Na Suíça, as mulheres só conquistariam o direito ao voto em 1973. Essa cronologia mostra que não é possível compreender as ondas do movimento feminista, portanto sua história, de forma linear em todos os países.

[9] Dagmar Meyer (2003) salienta que, no Brasil, a luta feminista se associa aos movimentos de oposição aos governos militares e aos movimentos de redemocratização do país no início dos anos 1980.

teorias universais, ao vazio formalismo acadêmico, à discriminação, à segregação e ao silenciamento" (LOURO, 1997, p. 16). Esse momento histórico marca, de modo especial, o ressurgimento do movimento feminista e o início do desenvolvimento de "estudos da mulher", que se consolida pelo surgimento de uma produção teórica forjada pelas militantes feministas no interior das universidades.

Nesses primeiros tempos, o principal objetivo das estudiosas feministas era "tornar visível aquela que fora ocultada" (LOURO, 1997, p. 17). Denunciar o ocultamento da mulher nos espaços sociais e políticos e "sua ampla invisibilidade como sujeito – inclusive como sujeito da Ciência" (p. 17) – torna-se, assim, objeto de luta e de produção teórica. Na prática, a invisibilidade das mulheres e sua subordinação aos homens vinham sendo confrontadas por mulheres camponesas e trabalhadoras que exerciam atividades fora do lar, na luta pela subsistência, ocupando lugares na lavoura, nas oficinas, nas fábricas; gradativamente, essas e outras mulheres "passaram a ocupar também escritórios, lojas e hospitais" (p. 17). Porém, nesses espaços de trabalho, elas eram rigidamente controladas pelos homens e exerciam quase sempre atividades de apoio ou atividades compreendidas como "próprias das mulheres": assistência, cuidado, limpeza e educação.

Os primeiros estudos a contemplar as desigualdades entre mulheres e homens tiveram, pois, como foco a denúncia contra a opressão e a subjugação do feminino ao masculino, principalmente descrevendo as condições de vida das mulheres (no lar e fora dele). Retirando a mulher da invisibilidade, tais estudos trouxeram para o debate acadêmico temas e questionamentos que até então não habitavam esse espaço. Ao mesmo tempo, denunciavam a visibilidade da mulher nas atividades profissionais exclusivamente no exercício de "funções complementares" àquelas exercidas pelos homens. Tais estudos, realizados quase que exclusivamente por mulheres, assumiam, então, a intencionalidade derivada de sua inserção numa "trajetória histórica específica que construiu o lugar social das mulheres e que o estudo de tais questões tinha (e tem) pretensões de mudança" (LOURO, 1997, p. 19).

Como a tônica desses primeiros estudos era o questionamento da subordinação das mulheres aos homens, de sua invisibilidade ou de uma visibilidade "autorizada" em alguns espaços profissionais, como escolas e hospitais, por exemplo, foram-se construindo, em decorrência do caráter descritivo que a intenção da denúncia lhes imprimia, uma História, uma Literatura e uma Psicologia "próprias da mulher". Assim, tais estudos não chegaram a questionar a noção de um "universo feminino separado". Mas, como ressalta Louro (1997), seria enganoso não reconhecer a importância desses primeiros estudos que tiraram as mulheres das notas de rodapé, imprimiram paixão às pesquisas acadêmicas, realizaram problematizações, subversões e transgressões no mundo acadêmico.

Aos poucos, esses estudos passaram a não só descrever as condições e vidas das mulheres, mas também a ensaiar explicações sobre essas mesmas condições e vidas, articulando-se a quadros teóricos clássicos, como o marxismo (feminismo marxista) e a psicanálise (feminismo de orientação psicanalítica), ou originando um "feminismo radical" (posição das teóricas do patriarcado) (LOURO, 1995; SCOTT, 1990), que questionava a possibilidade de ancorar as pesquisas sobre a condição da mulher numa "lógica androcêntrica" (LOURO, 1997, p. 20) presente naqueles quadros. Deve-se destacar que, embora de diferentes lugares teóricos, essas estudiosas partilhavam motivações e interesses comuns e se uniram na confrontação dos modos de explicar as desigualdades sociais entre homens e mulheres que as remetia, geralmente, às características biológicas.

É nesse cenário que os "estudos sobre a mulher" deram lugar a estudos que contemplam o conceito de gênero (ou de "relações de gênero").[10] Inicialmente, o termo *gender* vai ser utilizado por estudiosas anglo-saxãs, no início da década de 1970, para evitar o uso de expressões como "sexo" e "diferença sexual", que estabelecem uma indesejada referência à perspectiva anatômica de sexo. Essa referência

---

[10] Como salienta Guacira Louro, para alguns dos grupos de estudiosas/os do campo feminista, talvez aqueles "mais diretamente herdeiros da militância feminista, a denominação 'estudos de gênero' é ainda pouco aceitável. Entendem que essa esconde aquela que é o seu verdadeiro sujeito/objeto de estudos (a mulher), já usualmente negada ou marginalizada numa ciência androcêntrica" (LOURO, 1995, p. 102). Para a ampliação dessas discussões e sobre os dilemas teóricos nos quais ainda se debatem as estudiosas feministas, incluindo as feministas negras, sugerimos conferir Jane Flax (1991), Bila Sorj (1992), Lia Z. Machado (1992; 1998), Maria Lygia Q. Moraes (1988), Judith Butler (1998), Michelle Perrot (2005a; 2005b) Sueli Carneiro (2019), Heloisa B. Hollanda (2018; 2019), Maria Cláudia Dal'Igna e Fernando Pocahy (2021).

poderia produzir, sob um determinismo biológico, a *naturalização* das diferenças entre homens e mulheres e, consequentemente, toda uma série de aprisionamentos das mulheres ao seu sexo.

A adoção do conceito de gênero procurava romper, também, com explicações que, mesmo sendo consideradas mais progressistas (como as de cunho marxista, cuja análise recaía nos "processos de produção e na divisão social do trabalho" [MEYER, 2003, p. 14]), vinham dificultando a "visibilização de outras dimensões implicadas com a subordinação feminina, como, por exemplo, as relações de poder que permeavam a vida privada" (p. 14).

Assim, o modo como o conceito de gênero passa a ser adotado estabelece para ele uma significação que não se apoia numa perspectiva biológica, como sinônimo de sexo, mas é uma construção social do que se constitui "masculino ou feminino", sobressaindo, nessa significação, o *apelo relacional*.

O gênero é, nesse sentido, produzido nas relações que se estabelecem entre mulheres e homens, relações quase sempre desiguais, o que implica considerar o "fato de que o mundo das mulheres faz parte do mundo dos homens, que ele é criado em e por este mundo" (SCOTT, 1990, p. 7).

Porém, a compreensão do gênero como produzido nas – e produzindo as – relações sociais não se limita à busca de uma explicação sobre *representação de papéis* masculinos e femininos, *aprendidos e assumidos por homens e mulheres* em seus modos de vida (relações, trabalhos, vestuário, preferências, lazer, práticas educativas e práticas matemáticas, por exemplo). A compreensão do caráter relacional do conceito de gênero presta-se ao exame das múltiplas formas que podem assumir as masculinidades e as feminilidades e "as complexas redes de poder que (através das instituições, dos discursos, dos códigos, das práticas e dos símbolos...) constituem hierarquias entre os gêneros" (LOURO, 1997, p. 24).

Essa compreensão forja também a necessidade de romper com uma identidade branca e ocidental, e reconhecer, como destaca Sueli Carneiro (2019, p. 273) "as diferentes expressões do feminismo construído em sociedades multirraciais e pluriculturais", nas quais a sociedade brasileira se inclui.

Gênero e educação

Nos meios acadêmicos brasileiros, é a partir dos anos 1980 que o conceito de gênero passa a ser utilizado, "disputando espaço com os estudos 'da mulher' – área que ainda sofria para impor sua legitimidade no campo universitário" (Louro, 1996, p. 8). Essa não foi apenas uma mudança de rótulo ou tão somente a constituição de uma nova "área" de estudos. Aquelas e aqueles que optaram por esses estudos "estavam se propondo a outra(s) perspectiva(s) teórica(s)" (p. 10).

É, pois, nesse contexto que o artigo de Joan Scott (1990),[11] "Gênero, uma categoria útil de análise histórica", torna-se um texto-chave para os Estudos de Gênero e terá, também, repercussões sobre os estudos em Educação (Louro, 1995).

Com efeito, quando se problematizam abordagens que ignoram as relações de gênero na compreensão das questões sociais, o campo educacional emerge como um espaço generificado: educadoras/es e pesquisadoras/es, tomando as práticas educativas como práticas sociais, confrontam-se com a impossibilidade de se compreender questões educacionais ignorando-se a dimensão do gênero (Meyer; Louro, 2007).

Refletindo sobre a importância daquele artigo de Scott, Guacira Louro afirma que talvez ele tenha representado para as pesquisadoras e os pesquisadores em Educação, de modo especial as/os do Brasil, que se moviam com muitas cautelas e vacilações, "uma verdadeira introdução ao conceito e às suas implicações para os estudos históricos" (Louro, 1995, p. 103). Com efeito, nesse artigo, Scott apresenta argumentos contundentes para demonstrar que gênero é "uma categoria útil de análise histórica e que essa categoria, articulada às categorias de classe e raça, deve ser integrada às pesquisas" (p. 107).

A adoção do conceito de gênero como categoria de análise no campo da Educação passa, então, a problematizar desde a feminilização do magistério às complexas e sutis engenharias escolares que legitimam determinados modos de viver a sexualidade, estabelecem

---

[11] Artigo publicado na versão americana em 1986, na versão francesa em 1988 e na versão brasileira em 1990. Cf. LOURO (1995).

hierarquias entre os sexos, naturalizam as práticas e os processos pedagógicos como masculinos e femininos e instituem desigualdades de gênero, também atravessadas por outros marcadores sociais.

Tomando o conceito de gênero como categoria de análise ou como fator interveniente, pesquisadoras e pesquisadores do campo da Educação têm se preocupado em mostrar a intensa articulação entre a escola e as relações sociais, admitindo que a ação dos processos pedagógicos nas relações sociais é atravessada por relações de poder e que "o educativo vai muito além da escola" (MEYER; LOURO, 2007, p. 199).

Joan Scott, ao propor gênero como um "elemento constitutivo de relações sociais fundadas sobre as diferenças percebidas entre os sexos" e como "um primeiro modo de dar significado às relações de poder" (SCOTT, 1990, p. 14), expõe a aproximação entre os estudos feministas e o pós-estruturalismo. Assim, teóricos como Michel Foucault e Jaques Derrida têm sido referência para muitas estudiosas feministas contemporâneas, que, segundo Guacira Louro (1995), trazem para os Estudos de Gênero a questão da linguagem como "constituidora dos sujeitos e da realidade" e a proposta de "desconstrução dos princípios fundantes sobre os quais se construíam os tradicionais sistemas de pensamento" (p. 111).

Esses marcos teóricos questionam não só a oposição binária entre masculino/feminino, como também a lógica da dominação/submissão (homem dominador/mulher dominada), o que implica compreender mulheres e homens como pessoas inseridas em processos históricos, ambos vivendo relações estratégicas de poder, e desenvolvendo, nesse processo, formas de resistência. Implica, também, compreender que meninas e meninos, as adolescentes e os adolescentes, as jovens e os jovens, mulheres e homens, idosas e idosos não são categorias universais, mas têm identidades de gênero, produzidas na multiplicidade do que se denomina como masculino e feminino para diferentes sociedades e para diferentes grupos no interior dessas sociedades, com marcadores sociais diversos: étnicos, raciais, de classe, geracionais, profissionais, religiosos, entre outros.

Entretanto, se, como lembra Guacira Louro (1996), são muitas as tramas teóricas nas quais o conceito de gênero se encontra enredado, sua incorporação e sua utilização pelos diferentes grupos de pesquisadoras/es em Educação, e mesmo no interior desses grupos, assume também perspectivas diversificadas, quando não conflitantes.

Dagmar Meyer, Cláudia Ribeiro e Paulo Ribeiro (2004) apontam duas grandes vertentes da incorporação do conceito de gênero nos estudos do campo da Educação.

Em uma primeira vertente, gênero "foi e continua sendo usado como um conceito que se opõe, ou complementa, a noção de sexo biológico e se refere aos comportamentos, atitudes ou traços de personalidade que a(s) cultura(s) inscreve(m) sobre corpos sexuados" (MEYER; RIBEIRO; RIBEIRO, 2004, p. 6). As perspectivas que derivam dessa abordagem "operam com o pressuposto de que o social e a cultura agem sobre uma biologia humana universal que os antecede" (p. 7).

Em uma outra vertente, estão os estudos de inspiração pós-estruturalista, que utilizam o conceito de gênero na compreensão dos processos que estabelecem diferenças entre mulheres e homens e os distinguem como masculino e feminino (sexo, sexualidade, modos de vida, linguagens, códigos, vestuários, comportamentos, julgamentos, etc.) como formas de construção social, cultural e linguística que nomeiam seus corpos.

Nas considerações anteriores, procuramos traçar uma síntese de um panorama histórico, bem mais rico e multifacetado, das lutas do movimento feminista, da emergência de um campo teórico de "estudos da mulher", da passagem para os "Estudos de Gênero", da proposição feita por Joan Scott do uso do conceito de gênero como categoria analítica e dos desdobramentos da adoção desse conceito na pesquisa em Educação. Sabemos dos riscos de reducionismo em tais sínteses (que, muitas vezes, acabam por não expor de modo adequado confrontos e resistências) e reconhecemos que as mesmas, porque são marcadas por nossas escolhas, acabam por deixar de lado aspectos importantes para a compreensão de processos históricos e sociais complexos, conflituosos, plurais e de variadas possibilidades de interpretação. Cientes dessas limitações, indicamos ao final deste livro leituras complementares que poderão auxiliar as leitoras e os leitores interessados em aprofundar-se na reflexão e nas investigações das relações de gênero nos processos sociais, em particular, no campo da Educação.

Gênero e Educação Matemática

Em Souza e Fonseca (2009a), discutimos o silenciamento das questões de gênero na produção acadêmica e nas práticas pedagógicas da Educação Matemática brasileira,[12] constatando pouca mudança nesse quadro em relação ao que Paola Valero descrevera uma década antes (VALERO, 1998). Tal silenciamento preocupa-nos menos pela lacuna na abordagem acadêmica das questões da Educação Matemática do que por suas implicações no estabelecimento e no reforço das desigualdades de gênero no campo da Educação Matemática e da Educação de uma maneira geral. Por isso, temo-nos desafiado à proposição da adoção do conceito de gênero como ferramenta analítica na pesquisa e nas práticas pedagógicas do campo da Educação Matemática (SOUZA, 2008; SOUZA; FONSECA, 2008a; 2008b; 2009a; 2009b; 2013a; 2013b; 2015; 2018; FONSECA; CALDEIRA; SOUZA, 2022).

Essa proposição considera a fertilidade desse conceito para analisar fenômenos e questionar posições e procedimentos e se forja no reconhecimento de que nossas práticas pessoais e profissionais são sempre produtoras de "identidades de gênero". Nesse sentido, as instituições nas quais nos envolvemos (famílias, escolas, igrejas, etc.), os grupos dos quais participamos (grupos de pesquisa, grupos sindicais, os movimentos sociais, etc.), os espaços sociais que habitamos

---

[12] Para caracterizar tal silenciamento, baseamo-nos no mapeamento dos trabalhos do Grupo de Educação Matemática (GT19) da Associação Nacional de Pós-Graduação e Pesquisa em Educação (ANPEd) no período de 1998 a 2001, elaborado por Dario Fiorentini (2002) e no levantamento que realizamos das pesquisas apresentadas nesse GT, entre 2000 e 2009, disponíveis no sítio eletrônico daquela associação (www.anped.org.br). No conjunto de 163 trabalhos (pesquisas concluídas) e dos 26 pôsteres (pesquisas em andamento) apresentados nesse período, não conseguimos identificar a mobilização do conceito de gênero, quer como categoria de análise, quer como aspecto interveniente a se considerar nessa análise. Além disso, a predominância nesses trabalhos da referência aos sujeitos sempre tratados no masculino ("alunos", "professores", "educadores", "pais", "pesquisadores") denuncia a pequena ou ausente preocupação com a invisibilidade do feminino e com a dimensão generificada dos fenômenos estudados. Constatamos, também, a ausência das questões de gênero nas teses e dissertações de Educação Matemática defendidas no Brasil desde 1986, a que tivemos acesso através do levantamento disponível no sítio eletrônico do Centro de Estudos, Memória e Pesquisa em Educação Matemática da Faculdade de Educação da UNICAMP (www.cempem.fae.unicamp. br). Identificando pesquisas em etnomatemática no Brasil que tratam dos saberes das mulheres, Sílvia Ribeiro (2008) também constata esse silenciamento, que, de certa forma, ainda flagramos no estudo que publicamos em 2022 (FONSECA; CALDEIRA, SOUZA, 2022).

(espaços de lazer, espaços de trabalho, instâncias políticas, etc.) são profundamente *generificados*: são instituídos pelas e nas relações de gênero ao mesmo tempo em que as instituem.

Contudo, é preciso considerar a complexidade das perspectivas sob as quais se pode mobilizar o conceito de gênero. Joan Scott (1990) destaca duas dimensões do conceito de gênero: uma primeira estaria ligada à compreensão de que as diferenças de gênero são produzidas nas relações sociais entre mulheres e homens – o gênero é constitutivo dessas relações e as constitui; a outra dimensão remete à compreensão de que essas relações são atravessadas por relações de poder multifacetárias e pulverizadas, que não se concentram "no homem" ou "na mulher", mas se disseminam em todo o corpo social, sendo o gênero um primeiro modo de significá-las, "um primeiro campo no seio do qual, ou por meio do qual o poder é articulado" (SCOTT, 1990, p. 16).

Atentas a essas dimensões, refletimos sobre como, do nosso ponto de vista, a adoção do conceito de gênero como categoria analítica traz para o campo da Educação Matemática uma série de implicações que repercutem nas perguntas que nos fazemos, na(s) metodologia(s) de investigação ou no trabalho pedagógico que elegemos, nas maneiras como narramos esses procedimentos, e nos modos como produzimos e avaliamos os resultados a que acreditamos chegar.

Em nossos estudos e em nossa experiência de operar com esse conceito, temo-nos dado conta de que a adoção do conceito de gênero na Educação Matemática nos obriga a revisitar os modos como temos significado "homem e mulher", afastando-nos de explicações que tomam "masculino" e "feminino" como *essências*. Tais explicações sustentam as diferenças entre mulheres e homens como dadas biologicamente, ou consideram *natural* que mulheres desempenhem apenas certas atividades, tidas como *mais femininas*, e homens desempenhem outras, *mais masculinas* em decorrência de características *próprias de cada sexo*.

Ao questionarmos esses modos de significar o "ser homem" e o "ser mulher" como uma *essência*, vamos compreendendo que esses processos de significação implicam a produção de sentidos sobre masculinidades e feminilidades, que atribuem "ao masculino" e "ao feminino" determinadas características (sensibilidades, afetos, emoções, racionalidades, irracionalidades, capacidade de controle, descontrole, etc.); determinados modos de pensar ("homem mais focado", "mulher mais dispersa", "homem compreende o todo", "mulher é detalhista", etc.); determinadas práticas ("o cuidado como próprio da mulher" e "o controle como próprio do homem", por exemplo); determinados saberes ("mulheres são mais *competentes* no uso da leitura e da escrita", "homens são melhores na matemática").

Adotar o gênero como categoria de análise na Educação Matemática requer e aguça, ainda, nossa atenção para o fato de que o gênero é produzido em práticas sociais, que se convertem em práticas masculinizantes e feminilizantes. Assim, cabe reconhecer que, em nossas salas de aula e naquilo que as compõem (gestos, palavras, silêncios, ritos, olhares, materiais, modos de organizar, modos de se ensinar matemática, concepções de aprendizagem, etc.) e em nossas pesquisas (mesmo quando se ocultam as relações de gênero), são produzidas identidades masculinas e femininas.

Todavia, se considerarmos que as relações de gênero permeiam as práticas sociais, reconheceremos, também, essas práticas como espaços nos quais tais relações se expressam. As práticas se configuram, desse modo, como espaços de conflitos, de confrontações, de silenciamentos, de apagamentos, de segregações, de normalizações, de fabricações.

As práticas sociais serão, desse modo, por nós consideradas como espaços de emergência de posições dominantes; e, do modo como passamos a entender a organização de indivíduos e de grupos sociais nessas práticas, veremos emergir a posição masculina ainda como a dominante na sociedade atual, levando-nos a identificar e questionar as estratégias forjadas para a aceitação e a preservação dessa dominação, que se apoiam em sua *naturalização*.

Porém, educadoras/es e pesquisadoras/es em Educação Matemática não passaremos incólumes pelo deslocamento de referências e argumentos que a adoção do conceito de gênero como categoria de análise nos obriga e propicia. Será preciso olhar para nós mesmas/os como tendo nossas "identidades de gênero" produzidas nas práticas sociais, e problematizar o que nos constitui como "mulheres" e como "homens": mães, pais, esposas/os, amigas/os, jovens, adultas/os, velhas/os, "boas/bons professoras/es de matemática", "boas/bons pesquisadoras/es", e tantas outras "identidades" que se encontram implicadas no que "somos". Esse movimento de problematização sobre nós mesmas/os "forçará" a problematização sobre outras "identidades" que são produzidas no campo da educação como "verdadeiras": "a criança", "*o* adolescente", "*o* alun*o* da EJA", "a boa aluna" e "o bom aluno", "a boa aluna em Matemática", "o bom aluno em Matemática".

Enfim, a adoção do conceito de gênero no campo da Educação Matemática obriga-nos a estarmos atentas/os aos processos que nos tornam pessoas femininas ou masculinas e aos processos pelos quais instituímos identidades masculinas e femininas em nós mesmas/os e nas/os outras/os e produzimos corpos hegemônicos que negam as diferenças de sexualidades, étnicas, raciais, dentre outras.[13]

A nós, pesquisadoras e pesquisadores, educadoras e educadores, caberá desconfiar de todas as essências, homogeneidades e universalidades: "a mulher", "o homem", "a mulher dominada", "o homem dominador", "a Matemática", entre tantas outras noções tomadas como naturais e fixas. Será preciso realizar um movimento de *des*naturalização de nossas concepções sobre conceitos e fenômenos, sujeitos e processos impregnados que são das relações de gênero. A naturalização de nossas concepções acaba por produzir e legitimar situações de desigualdade entre homens e mulheres e marcam pessoas e grupos em suas relações com uma matemática tomada como "a verdadeira", relações essas consideradas como "inferiores" ou "superiores" conforme se adequem ou sirvam menos ou mais aos "mecanismos e estratégias de poder que instituem e legitimam essas noções" (MEYER, 2003, p. 16) e que cabe aos nossos trabalhos de pesquisa e de ensino expor e desconstruir.

Esses são alguns deslocamentos que seremos instadas/os a fazer ao operar com o conceito de gênero nas diferentes frentes da Educação Matemática em que atuamos. Assim, não se trata de "incorporar" as mulheres em nossas pesquisas e práticas, procurando conferir a elas

---

[13] Recomendamos conferir as contribuições do Grupo de Pesquisa e Extensão MatematiQueer: Estudos de Gênero e Sexualidades em Educação Matemática (https://sites.google.com/im.ufrj.br/matematiqueer/).

uma visibilidade maior do a que lhes legam alguns raros comentários em nossas teses e artigos, talvez algumas notas de rodapé, ou mesmo ainda alguns capítulos. Não se trata somente de resgatar nossas alunas do ostracismo a que as condenamos em nossas práticas pedagógicas, ao tomarmos como naturais modos de ver os homens como mais afeitos à matemática do que as mulheres, por exemplo.

Olhar para as mulheres no campo da Educação Matemática, sem nos voltarmos para as relações de poder entre mulheres e homens, sem realizarmos o movimento de compreensão sobre gênero como constituinte das identidades das mulheres e dos homens, produzidas e se produzindo em um movimento incessante nas relações sociais, portanto em nossas próprias práticas, sem problematizarmos a matemática tomada em nossa sociedade como "sinônimo de razão" e o modo como historicamente se produziu uma noção de que a matemática é um campo de domínio dos homens: configura-se, mais uma vez, em um movimento de "essencialização" das mulheres (e dos homens) e de "universalização" de uma certa matemática.

Assim, operar com o conceito de gênero como categoria de análise supõe e possibilita romper com as essências e universalidades, que são sempre excludentes, "legitimando os já legitimados e colocando à margem aqueles [e aquelas] que não se enquadram em suas referências" (Louro, 1996, p. 15).

Entendendo que o gênero não se refere "à realidade biológica primeira" (Scott, 1998, p. 115), mas constrói o, e se constrói no, "sentido dessa realidade" (p. 115) em práticas sociais concretas, heterogêneas, plurais, incertas, em processo constante de mutação e que produzem de diferentes modos feminilidades e masculinidades, as relações entre homens, mulheres e matemática devem ser lidas nessa heterogeneidade, conflitualidade e provisoriedade, pois não existe um "problema exclusivo de gênero e matemática"[14] (Ernest, 2003, p. 8).

Tais relações configuram-se, assim, como "realidades", produzindo os diferentes significados que temos atribuído a "masculino",

---

[14] *"There is no unique gender and mathematics problem"*.

"feminino" e "matemática" em nossas práticas cotidianas: nos modos como educamos meninas e meninos, nos modos como nos relacionamos com a matemática (seja na escola ou fora dela), nos modos como nos organizamos como mulheres e homens em nossas relações com a matemática e organizamos tais relações, e nos modos como produzimos práticas matemáticas femininas e práticas matemáticas masculinas.

Assumimos, portanto, que não existe uma "essência" nos termos "mulheres" e "homens", e mesmo "matemática", e que tais termos se encontram implicados em toda uma produção discursiva sobre relações de gênero e matemática. É essa produção discursiva que focalizamos nos capítulos seguintes, procurando mostrar como se produzem enunciados sobre mulheres, homens e matemática e como tais enunciados produzem os sujeitos e as práticas sobre os quais eles falam.

Capítulo II

Vidas em discurso: as práticas de numeramento e a produção de enunciados

Pesquisadoras e pesquisadores do Grupo de Estudos sobre Numeramento têm adotado o conceito de práticas de numeramento como uma ferramenta analítica, considerando as contribuições que tal uso emprestaria para a compreensão das relações e dos modos como o conhecimento matemático, tomado como produção cultural, se configura nas e configura as práticas sociais que se estabelecem em uma sociedade forjada por culturas escritas. Tal adoção se preocupa em investigar como tais relações e modos de *matematicar* são produzidos por (e produzem) modos de "ser" crianças, adolescentes, pessoas jovens e adultas com marcadores sociais diversos (étnicos, raciais, geracionais, de classe, de gênero) em suas relações com a matemática. Assim, temos procurado nos referenciar em estudos de e sobre letramento e são as discussões desse campo, especialmente as dos Estudos do Letramento como prática social (SOARES, 2001; 2004; STREET, 2003; MARINHO; CARVALHO, 2010), que têm trazido contribuições relevantes na discussão das questões postas pelo uso do conceito de práticas de numeramento como ferramenta analítica.

O caráter cultural que configura a perspectiva do numeramento lhe confere uma dimensão relacional que favorece sua mobilização na análise a que aqui nos propomos: as práticas de numeramento se configuram nas relações entre pessoas e entre grupos e nas relações dessas e desses com conhecimentos que associamos à matemática.

Tais relações são marcadas pelas concepções de e sobre matemática; incluem valores que se atribuem à(s) matemática(s) em um dado contexto social (seja(m) ela(s) escolarizada(s) ou não); implicam ações de poder, de legitimação e de recusa de determinados modos de se fazer matemática conferindo maior valor social a quem os domina e mobiliza; manifestam-se na adoção de recursos das linguagens (escritas e ou orais) que moldam as práticas de numeramento diferentemente para pessoas e ou grupos. Enfim, assumir a dimensão relacional do conceito de numeramento supõe reconhecer dilemas, interpretações, valorações, escolhas, composições, imposições, enfrentamentos, adequações, resistências, *re*existências e reticências.

Interessa-nos, pois, propor uma compreensão das relações de gênero permeando a constituição de práticas de numeramento de mulheres e de homens e fabricando modos de "ser mulher" e de "ser homem", de modo a não reduzir as análises de gênero na Educação Matemática à estreiteza de um estudo da "relação das mulheres com a matemática". Nessa perspectiva, o conceito de práticas de numeramento nos auxilia, inclusive, a problematizar a concepção de "matemática" na medida em que nos obriga a questionar sobre qual matemática estamos falando.

O rompimento com uma perspectiva que restringe o olhar à focalização da relação de "mulheres com a matemática" é provocado pelo confronto com a dimensão relacional das experiências de quantificação, de espacialização, de ordenação, protagonizadas por mulheres – e por homens – (nas salas de aula, no trabalho "dentro de casa" e no trabalho "fora de casa", remunerado ou não, nos espaços de lazer e de vivências comunitárias, etc.), especialmente daquelas forjadas em meio a faltas materiais, a inclusões precárias em direitos sociais, a opressões, a engajamentos e a lutas. Esse confronto nos força a problematizar também a estreiteza do termo *matemática* para falar da complexidade das práticas envolvidas nessas experiências.

Por isso, ao propormos a adoção das relações de gênero como categoria de análise, optamos por operar com o conceito de numeramento, compreendendo as práticas de numeramento como espaços de correlações de força, de jogos estratégicos, de lutas, de fabricações, de enfrentamentos entre mulheres, homens e matemática. É para análise dessas práticas que nos voltamos, compreendendo-as como o "lugar de encadeamento do que se diz e do que faz, das regras que se impõem e das razões que se dão, dos projetos e das evidências" (Foucault, 2006a, p. 338), como espaços fabricados nos quais se produzem verdades sobre gênero e matemática.

Tal opção é, de mais a mais, uma opção política, quando procuramos expor as tramas das relações de gênero nessas práticas, que acabam por configurar-se como produtoras e legitimadoras de desigualdades entre homens e mulheres.

Relações de gênero, discurso e práticas de numeramento

Analisar relações de gênero implica analisar discursos sobre mulheres, sobre homens, e, no caso deste livro, sobre as relações entre elas e eles, e delas e deles com matemática. O conceito de discurso com o qual operaremos na análise que apresentamos nos capítulos seguintes foi tomado das teorizações de Michel Foucault.

O discurso é, para Foucault, uma prática que tem lugar "nos atos sociais" (Dreyfus, Rabinow, 1995, p. 282). Nesse sentido, Foucault retira do discurso a "soberania do sujeito" e, da linguagem, a função de representação, para mostrar que o discurso é da ordem do acontecimento. Discursos são práticas que

> [...] formam sistematicamente os objetos de que falam. Certamente os discursos são feitos de signos; mas o que fazem é mais que utilizar esses signos para designar coisas. É esse *mais* que os torna irredutíveis à língua e ao ato da fala. É esse 'mais' que é preciso fazer aparecer e que é preciso descrever (Foucault, 2005, p. 55, grifos e aspas do autor).

O conceito de discurso de Foucault se presta, pois, à investigação "desse mais", que não se reduz ao ato da enunciação, nem tampouco se reduz à busca, nas palavras, de um "significado subjacente e escondido" (Dreyfus, Rabinow, 1995, p. 118) que permita afirmar certezas metafísicas. Ultrapassando a simples referência a "palavras e coisas", Foucault se ocupa em mostrar o *discurso em funcionamento*, isto é, produzindo o que chamamos "o real das coisas". É por isso que dizemos que o discurso, na perspectiva foucaultiana, é produtivo. Esse discurso encontra seu lugar em práticas sociais nas quais múltiplos discursos disputam espaços para se afirmarem como verdadeiros. Na produção de tais realidades, o discurso em funcionamento envolve relações de poder e produção de saberes – "interfaces do saber e do poder, da verdade e do poder" (FOUCAULT, 2006a, p. 229).

Neste livro, em que nos propomos a discutir relações de gênero e matemática – e suas repercussões na Educação Matemática –, interessa-nos operar com um conceito de discurso que nos permita buscar, nos entrelaçamentos de relações de gênero e práticas de numeramento, as interfaces entre poder/saber/verdade. Por isso, as práticas de numeramento são tomadas nessa análise como discursivas. Isso significa compreender que nelas se engendram, e por elas são engendradas, relações de poder-saber; que elas estabelecem, compreendem e produzem identidades de gênero; e que nelas discursos de diversos campos (da matemática de matriz cartesiana, e de outras matemáticas, da biologia, da psicologia, da linguística, dos movimentos sociais, dos movimentos feministas, do direito, da pedagogia, etc.) nos dizem como "são ou devem ser" homens e mulheres. Propondo-se a produzir "sujeitos de determinado tipo", tais discursos disputam espaços nas práticas de numeramento procurando afirmar-se como verdades. Desse modo, são fabricadas, em meio a jogos de verdade, relações de gênero e matemática.

Assim compreendemos que "identidades de gênero", "diferenças", "matemática", "relações homens/mulheres", "relações homens/mulheres/matemática" são produzidas discursivamente. É nessa perspectiva que tomamos as práticas de numeramento como práticas discursivas e nos dispomos a operar com esse

> [...] construto teórico que visa elucidar: **conceitos, concepções, representações, crenças, valores e critérios, estratégias, procedimentos, atitudes, comportamentos, disposição, hábitos, formas de uso e/ou modos de *matematicar* que se forjam *nas*, e forjam *as*, situações em que se mobilizam conhecimentos referentes à quantificação, à ordenação, à classificação, à mensuração e à espacialização, bem como suas relações, operações e representações. Visa, também, analisar a relação de todos**

**esses aspectos, e sua relativa padronização num determina-
do grupo social, com os contextos socioculturais no qual se
configuram – e que são por eles configurados** (FARIA, 2007,
p.143, grifos da autora).

Conceitos, procedimentos, operações, representações, cren-
ças, valores, critérios, atitudes, comportamentos, etc., inserem-se,
pois, em práticas produtoras de sentidos e de verdades sobre as
coisas e as pessoas, o que implica relações de poder e produção de
saberes. As práticas de numeramento são, pois, "práticas sociais
organizadas e constituídas em relações de desigualdade, de poder,
e de controle" (LARROSA, 1994, p. 71). Desse modo, nos diversos
campos discursivos que produzem o tecido social, o que denominamos *masculinidade* e *feminilidade* é produzido. Assim como se
produz o que denominamos *matemática*.

Vidas em discurso

Todas as vidas
Cora Coralina

Vive dentro de mim
uma cabocla velha
de mau-olhado,
acocorada ao pé do borralho,
olhando pra o fogo.
Benze quebranto.
Bota feitiço...
Ogum. Orixá.

Macumba, terreiro.
Ogã, pai-de-santo...
Vive dentro de mim
a lavadeira do Rio Vermelho,
Seu cheiro gostoso
d'água e sabão.
Rodilha de pano.

Trouxa de roupa,
pedra de anil.
Sua coroa verde de são-caetano.

Vive dentro de mim
a mulher cozinheira.
Pimenta e cebola.
Quitute bem feito.
Panela de barro.
Taipa de lenha.
Cozinha antiga
toda pretinha.
Bem cacheada de picumã.
Pedra pontuda.
Cumbuco de coco.
Pisando alho-sal.

Vive dentro de mim
a mulher do povo.
Bem proletária.
Bem linguaruda,
desabusada, sem preconceitos,
de casca-grossa,
de chinelinha,
e filharada.

Vive dentro de mim
a mulher roceira.
– Enxerto da terra,
meio casmurra.
Trabalhadeira.
Madrugadeira.
Analfabeta.
De pé no chão.
Bem parideira.
Bem criadeira.
Seus doze filhos.
Seus vinte netos.

Vive dentro de mim
a mulher da vida.

Minha irmãzinha...
tão desprezada,
tão murmurada...
Fingindo alegre seu triste fado.

Todas as vidas dentro de mim:
Na minha vida –
a vida mera das obscuras.

Para discutir relações de gênero produzidas discursivamente em práticas de numeramento, e, de certa forma, produtoras dessas práticas, trouxemos acontecimentos discursivos das vidas de alunas e alunos da Educação de Pessoas Jovens e Adultas (EJA), trabalhadoras e trabalhadores pertencentes a uma associação de catadoras e catadores de materiais recicláveis.[15] Procuramos também contemplar acontecimentos discursivos na vida de outras mulheres e outros homens que se apresentam em notícias de jornal, pesquisas de opinião, anedotas que circulam em mídia eletrônica. São essas vidas que aqui trazemos que nos ajudaram a olhar as relações de gênero e matemática. São essas vidas que nos convidam a pensar nas nossas vidas como mulheres, homens, trabalhadoras e trabalhadores, mães e pais, amigas e amigos, professoras e professores e tantas outras vidas que vivem em nós. São elas que nos convidam, também, a pensar nas outras vidas que vivem em nossas vidas – vidas de alunas e alunos (crianças, adolescentes, jovens, pessoas adultas e idosas), vidas de colegas docentes e de outros e outras profissionais com que lidamos, vidas de familiares, vidas de celebridades e vidas anônimas com as quais nos deparamos virtual ou fisicamente nas diversas instâncias de nossa vida social – enfim vidas de pessoas que educamos e que nos educam e com quem convivemos como sujeitos de gênero.

Capturamos, nessas vidas, acontecimentos discursivos que pudessem nos dizer algo das relações que aqui analisamos.

---

[15] Esses acontecimentos compõem o material empírico da pesquisa que subsidiou a tese de doutorado de Maria Celeste Reis Fernandes de Souza (2008) e que investiga as configurações das relações de gênero nas práticas de numeramento protagonizadas por essas mulheres e esses homens. Esse material foi produzido em oficinas pedagógicas, em observação de aulas, em registros de episódios narrados pelos sujeitos ou testemunhados pela pesquisadora e em entrevistas.

Procuraremos mostrar relações de gênero configurando-se nas práticas de numeramento em fragmentos dessas vidas atravessadas por lutas, enfrentamentos, discórdias, violências, utopias, necessidades, tramas, dramas, aviltamentos, distinções, etc.: "o ponto mais intenso das vidas, aquele em que se concentra sua energia, é bem ali onde eles se chocam com o poder, se debatem com ele, tentam utilizar suas forças ou escapar de suas armadilhas" (FOUCAULT, 2006a, p. 208).

Procuramos ler, nos acontecimentos capturados, modos de vida, condutas, práticas, que pudessem nos contar algo sobre as relações aqui analisadas. Assim são existências reais que aqui trazemos: podemos "dar-lhes um lugar e uma data" (FOUCAULT, 2006b, p. 206). Mas, por trás desses nomes, que escondem um rosto e que, talvez, não nos digam nada – escolhas fictícias para vidas reais – nessas palavras que aqui produzimos, existem mulheres e homens: catadoras e catadores de materiais recicláveis, alunas e alunos da EJA, mulheres que mesmo em um lugar insalubre "cuidaram" de filhas e filhos. São homens que sentem e se ressentem de terem sido excluídos de outros trabalhos, mulheres que reproduzem no espaço da Associação as atividades domésticas, homens que querem controlar um espaço de maioria feminina, vendedoras de roupas, de perfume, de remédios, mulheres e homens alcoólatras, homens que "batem em mulher", mulheres que apanham de homens, mulher que revida a violência masculina, mulheres que batem nos filhos e nas filhas, pais e mães de muitas filhas e muitos filhos, mulheres que abandonam um marido *"batedor"*, mulheres que não conseguem escapar desse marido, mulheres que fazem *"barganha"*, homens que realizam "negócios". São pessoas afetivas, solidárias, companheiras, amigas, inimigas, confiantes, desconfiadas, alfabetizadas, não alfabetizadas, que querem estudar, que, mesmo sem escolaridade, criticam a escola que acontece naquele espaço, mulheres "que falam demais", *"desabusadas, sem preconceitos", "parideiras, trabalhadeiras, madrugadeiras"*, que sonham com escola e trabalho para as filhas e os filhos. Elas não sabem onde deixar as filhas adolescentes em um bairro violento, andam quilômetros para visitar o filho preso, mãe de filho preso, pais e mães de filhos assassinados, esses homens e essas mulheres pobres, em sua maioria negras e negros,[16] excluídas do sistema escolar. Vidas contraditórias como todas as vidas o são. Vidas "que se prendem nas redes do poder, ao longo de circuitos bastante complexos" (FOUCAULT, 2006b, p. 216), em mecanismos diversos. Em todas essas vidas (condutas e relações), há um exercício inflacionado de poder. Sobre essas turbulências minúsculas da vida cotidiana, ou no enfrentamento dessas vidas sobre aquilo que busca dominá-las, vem se colocar o "olhar branco do poder" (p. 217).

Esse olhar branco do poder não se estende somente sobre essas vidas: estende-se sobre as nossas vidas como pessoas, também comuns, que também vivemos vidas contraditórias. Esse "olhar branco do poder" não é, como Foucault nos diz, assombrado pelo olhar "de um monarca" (FOUCAULT, 1988; 2006b), mas é um certo saber do cotidiano, "uma grande inteligibilidade aplicada sobre nossos gestos, nossas maneiras de ser e de fazer empreendida pelo ocidente" (FOUCAULT, 2006b, p. 217).

Nesse poder que se exerce sobre a vida cotidiana, estamos todas e todos nós enredadas e enredados. Por isso, muitas vidas atravessarão as vidas que aqui capturamos. Nós que capturamos vidas, também nos descobrimos "capturadas/os", e, nesse processo, descobrimos outras vidas capturadas, em um persistente murmúrio da razão ocidental.

Trouxemos, para compor com as vidas das alunas e dos alunos da EJA, das catadoras e dos catadores, nossas vidas e outras vidas de mulheres e homens: vidas que também têm um lugar e uma data e que fazem sua aparição em notícias de jornais, em pesquisas de opinião, em dados estatísticos, em anedotas, em quadros traçados na mídia

---

[16] Ao destacar a presença de uma maioria de mulheres negras e homens negros, como catadoras e catadores, alunas e alunos da EJA, chamamos a atenção para como as questões étnico/raciais têm historicamente estado ligadas a processos discriminatórios, preconceituosos e a exclusões diversas em nossa sociedade. Nilma Lino Gomes, em seu livro *A mulher negra que vi de perto,* discute como a escola tem sido um espaço produtor e legitimador de "desigualdades raciais, sociais e de gênero" (GOMES, 1995, p. 130). Com relação à escolarização, ainda que ações afirmativas e processos de democratização do sistema escolar venham sendo empreendidos, ainda encontramos o que Ricardo Henriques (2002) denunciara sobre o acesso e a permanência de pessoas negras e pobres, em todos os níveis, tem sido menor do que o de pessoas brancas e de classes sociais economicamente mais favorecidas. Consequentemente, mulheres e homens, negras/os e pobres continuam a se configurar, em um processo de exclusão histórica, como um grupo potencial para a Educação de Pessoas Jovens e Adultas.

sobre gostos, preferências, atribuições, "papéis": naturalizações, que engendram as relações de gênero e matemática. O poder, que sobre todas essas vidas se exercerá, ávido na produção de saberes

> [...] será constituído de uma rede fina, diferenciada, contínua, na qual se alternam instituições diversas da justiça, da polícia, da medicina, da psiquiatria. E o discurso que se formará, então, não terá mais a antiga teatralidade artificial e inábil; ele se desenvolverá em uma linguagem que pretenderá ser a da observação e da neutralidade. O banal se analisará segundo a grelha eficaz mas cinza da administração, do jornalismo e da ciência (FOUCAULT, 2006b, p. 219).

Nessas relações de poder, todas essas vidas se transformam em "negócios, crônicas ou casos" (FOUCAULT, 2006b, p. 219), por discursos que não as cessam de produzir e de incitá-las a se produzir.

Expor essas redes sutis de poder, nas quais essas vidas se enredam e nas quais outras vidas também se enredam – vidas comuns, para as quais nasce uma "nova *mise-en-scène*" (FOUCAULT, 2006b, p. 213) –, é procurar expor as relações que se estabelecem entre essas redes sutis, "o discurso e o cotidiano" (p. 213). Enfim, é expor o "trabalho do poder sobre as vidas e o discurso que dele nasce" (p. 222).

Mostrar "o plano dessas lutas diversas, restituir esses confrontos e essas batalhas, reencontrar o jogo desses discursos, como armas, como instrumentos de ataque e defesa em relações de poder e de saber" (FOUCAULT, 1991, p. XII) não é uma tarefa fácil, como não o é, também, mostrar que, desses confrontos, dessas regras e dos "efeitos desses afrontamentos" (p. XIV), práticas de numeramento são mobilizadas e constituídas por mulheres e homens, produzindo "verdades" sobre Gênero e Matemática e produzindo-se nelas.

No texto "A vida dos homens infames", Foucault seleciona em notícias de jornal "vidas obscuras" para mostrar que "vidas reais foram 'desempenhadas' nestas poucas frases" (FOUCAULT, 2006b, p. 207) em discursos que "atravessaram vidas", e que as existências ali contadas haviam sido, efetivamente, riscadas e perdidas naquelas palavras.

Ao analisar, sob a perspectiva das relações de gênero e matemática, as vidas colocadas em discurso neste livro, poderíamos dizer que elas são, também, riscadas e perdidas nas palavras e, ao mesmo tempo, produzidas por outras palavras. Não palavras que nos remetam a divisões clássicas "entre o discurso admitido e o discurso excluído, ou entre o discurso dominante e o dominado" (FOUCAULT, 1988, p. 96), mas um discurso que se opera, ao modo foucaultiano, como um jogo complexo e instável, que envolve enfrentamentos, invenções, produções. Discursos que se entrecruzam em meio a jogos de verdade, fabricando realidades e *sujeitos*.

Identificando e descrevendo enunciados

É difícil escolher, nas contribuições de Foucault, *metodologias* para analisar esse discurso, até porque ele não nos apresenta uma *metodologia*, no sentido tradicional do termo, mas, sim, possibilidades, que devem ser buscadas no conjunto das suas pesquisas, procurando compreender como ele se propôs a, nessas pesquisas, fazer uma analítica dos discursos. Desse modo, a análise aqui realizada é uma análise genealógica: um exercício inspirado pelo modo como Foucault operou com o discurso, marcadamente, nos seus livros *Vigiar e punir* (1987), *A vontade de saber* (1988) e *O uso dos prazeres* (2003).

Trata-se de uma análise que se volta para as práticas, para as condutas cotidianas, compreendendo que tais condutas são produzidas, histórica e discursivamente, nas malhas finas e refinadas do poder. Uma análise genealógica, como nos ensina Foucault, é "uma forma de história que dê conta da constituição dos saberes, dos discursos, dos domínios de objeto, etc. sem ter que se referir a um sujeito, seja ele transcendente com relação ao campo de acontecimentos, seja perseguindo sua identidade vazia ao longo da história" (FOUCAULT, 1979, p. 7).

Na análise desses discursos, não buscamos tomar as enunciações e os silêncios, ou a entrevistada e o entrevistado como objeto de análise; nem procuramos, no signo linguístico, nas lacunas, nos não ditos, a ideologia que encobre o discurso e que nos caberia, em uma atitude hermenêutica, desvelar. Utilizando ferramentas foucaultianas[17]

---

[17] Possenti (1990), Brandão (1991), Maingueneau (1997), Gregolin (2004a; 2004b) e Baronas (2004) mostram a importância das contribuições de Foucault para a análise do discurso no campo da linguagem. Os conceitos de acontecimento, formação discursiva, arquivo, a dispersão do sujeito nos diversos planos discursivos, o documento tratado como monumento são contribuições foucaultianas para esse campo.

em nossa análise, pretendemos manter-nos no nível das coisas ditas, o que, segundo estudiosas[18] desse tipo de análise, não é tarefa fácil, pois há sempre o perigo de resvalarmos para o nível das significações e dos sentidos, como revelação de uma "verdade interior".

Dessa maneira, não nos interessa aqui focalizar o "sujeito que fala" e o que ele pode revelar de sua "interioridade" e "identidade" naquilo que ele fala, ou o que nos é possível captar da "sua verdade essencial". Na perspectiva foucaultiana, o sujeito unitário pensado na modernidade é uma fabricação. Ao ocupar diversas posições no discurso, "posições de sujeito", encontramos tal sujeito em sua fragmentação e dispersão. O discurso, portanto, como nos ensina Foucault (2005, p. 61), não "é a manifestação, majestosamente, desenvolvida, de um sujeito que pensa, que conhece e que o diz", mas é nele que podemos buscar "um campo de regularidade para diversas posições de subjetividade". A questão, por isso, não é buscar o enunciador do discurso, mas, buscar, na rede de discursos, os fios que constituíram, em uma trama histórica, a produção de sujeitos. Trata-se de obter, na multiplicidade das práticas discursivas, o *"sujeito a"*, que essas práticas tomam como objeto e se propõem a subjetivar. Por conseguinte, a análise do discurso, nessa perspectiva e do modo como procuramos realizá-la, "não desvenda a universalidade de um sentido" (p. 70); ela se propõe a expor os mecanismos e jogos de verdade sem relacioná-los a um "sujeito cognoscente [ou] a uma individualidade psicológica" (p. 70).

Tendo como referência, a teorização foucaultiana relativa ao discurso, sabemos não ser possível fazer uma arqueologia[19] dos discursos, embora seja impossível não revisitar, insistentemente, essa fase do seu pensamento,[20] para compreender até que ponto determinadas ferramentas, ali postas, nos servem.

---

[18] Cf. Gregolin (2004a, 2004b) e Fischer (2001a, 2002b).

[19] Foucault (1979) mostra que a arqueologia procura, em uma análise descontínua, estudar a constituição dos saberes em diferentes épocas, estabelecendo relações entre eles. Na arqueologia, ele "pretendeu analisar as condições e regras específicas que existem para a formação do saber às quais o discurso encontra-se submetido nas diferentes épocas históricas" (MOTTA, 2006, p. XXV).

[20] Os estudiosos do pensamento de Foucault distribuem suas teorizações em fases: arqueologia, genealogia e ética. Cf. Dreyfus e Rabinow (1995) e Veiga-Neto (2004). O próprio Foucault, de certa forma, categoriza suas teorizações, ao afirmar que faz uma "arqueologia" do saber

Uma ferramenta que buscamos para operar com esse discurso – e que se encontra definida no livro *Arqueologia do saber* – é o conceito de enunciado. Há uma estreita relação entre discurso e enunciado, e podemos compreender que o discurso encontra no enunciado sua manifestação.

> Finalmente, em lugar de estreitar, pouco a pouco, a significação tão flutuante da palavra "discurso", creio ter-lhe multiplicado os sentidos: ora domínio geral de todos os enunciados, ora grupo individualizável de enunciados, ora prática regulamentada dando conta de um certo número de enunciados; e a própria palavra "discurso" que poderia servir de limite e de invólucro do termo "enunciado", não a fiz variar, à medida que perdia de vista o próprio enunciado? (FOUCAULT, 2005, p. 90, aspas do autor).

O enunciado, a unidade molecular do discurso, entretanto, difere do ato de fala; não é uma frase, uma estrutura, uma enunciação. Não há nele um sentido e um significado a ser desvelado; ele é, sempre, "uma função que cruza um domínio de estruturas e de unidades possíveis", e é essa função que faz com que os enunciados "apareçam com conteúdos concretos, no tempo e no espaço" (p. 98).

Ampliando a compreensão sobre o enunciado como uma função, Gilles Deleuze (1988) destaca sua mobilidade: o enunciado não se prende às palavras e às proposições, ou em seu sentido, mas se instala em uma "espécie de diagonal, que tornará legível o que não podia ser apreendido de nenhum outro lugar" (p. 14). A partir dessa compreensão – do enunciado como uma função –, procuramos inventar um procedimento que nos possibilitasse "rachar, abrir as palavras, as frases e as proposições para extrair delas os enunciados" (p. 61). Essa não foi uma tarefa fácil, posto que o enunciado não está oculto, não *há um poder que o oprima*; entretanto, ele não é completamente

---

– a formação do discurso –, uma "genealogia" do discurso – relações de poder-saber no discurso –, e uma "ética" – como o indivíduo constitui a si mesmo. Mantemos aqui essa ideia de fases porque nos ajuda a nos localizarmos nas teorizações foucaultianas. Mas, como o próprio Foucault mostra, é difícil isolar essas três fases, ou eixos, pois, de certa forma, elas vão, com maior ou menor ênfase, fazer-se presentes em todas as suas teorizações, "embora de forma um tanto confusa" (FOUCAULT, 1995b, p. 262).

visível. É preciso encontrá-lo atravessando os discursos e fazendo com que determinadas coisas sejam ditas, em uma determinada época, em um determinado lugar: expor as relações de força, os mecanismos, os jogos de verdade. Como nos mostra Deleuze, esse é um exercício de leitura, um "saber ler, por mais difícil que seja" (p. 63).

Entendendo que os discursos são constituídos por enunciados, procuramos extraí-los da materialidade das enunciações que se fizeram presentes nos acontecimentos discursivos que aqui trazemos. Nomeamos, nesse processo, quatro enunciados: *"Homem é melhor em matemática (do que mulher)"; "Mulher cuida melhor... mas precisa ser cuidada"; "O que é escrito vale mais"; "Mulher também tem direitos"*.

A partir da descrição desses enunciados, que atravessam as práticas de numeramento em sua mobilização e constituição, indagamo-nos sobre seus efeitos sobre essas práticas, o que eles pretendem produzir, e em meio a que mecanismos de poder e jogos de verdade eles produzem as relações de gênero e matemática e se produzem em tais relações. Voltamo-nos, assim, para os efeitos produtivos desses discursos e para como tais discursos produzem uma matemática do feminino e uma matemática do masculino. Indagamo-nos, também, sobre como os enunciados se propõem a fixar identidades de gênero e como esses discursos "se ramificam e multiplicam, medem o corpo e penetram nas condutas" (FOUCAULT, 1988, p. 48) estando, assim, enredados nas subjetividades masculinas e femininas. Procuramos mostrar que tais discursos fazem das práticas de numeramento espaços permanentes de tensões de gênero.

Argumentamos, assim, que as práticas de numeramento constituídas por mulheres e homens são práticas generificadas; que as mulheres e os homens se constituem como tais nessas práticas, e que os enunciados que circulam nessas práticas produzem mulheres e homens de *determinado tipo* e fazem com que certas práticas de numeramento se mobilizem e se constituam.

Foucault (2005) mostra que identificar enunciados não é ater-se à estrutura da frase ou às enunciações. Para ser descrito, um enunciado deve preencher quatro condições básicas: um *referencial* que não se constitui de coisas, fatos, seres ou objetos, mas "forma o lugar, a condição, o campo de emergência, a instância de diferenciação dos indivíduos ou dos objetos, dos estados de coisas e das relações" (p. 103); um *sujeito*, que não pode ser considerado o autor do enunciado, mas uma função vazia "na medida em que um único e mesmo indivíduo pode ocupar, alternadamente, em uma série de enunciados, diferentes posições e assumir o papel de diferentes sujeitos" (p. 105); um *domínio associativo*, pois, ao contrário de uma frase ou proposição, um enunciado não existe isoladamente – ele se alinha a outros enunciados em um campo associado, "neles se apoiando e deles se distinguindo: ele se integra sempre em um jogo enunciativo" (p. 112). Por fim, o enunciado deve ter uma *existência material*, que não é o ato da enunciação, mas "é constitutiva do próprio enunciado: o enunciado precisa ter um suporte, um lugar e uma data" (p. 114), uma materialidade, que Foucault diz ser "repetível", pela sua capacidade de repetição e reatualização.

Atentas a essas condições de aparecimento do enunciado, em cada um dos capítulos subsequentes, identificamos e descrevemos um enunciado que produz (e é produzido em) relações de gênero, nas práticas de numeramento. Reconhecendo sua recorrência, procuramos mostrar: a que eles se referem, o campo discursivo do qual fazem parte, os campos aos quais eles se associam, e as posições de sujeito que eles disponibilizam para que sejam ocupadas por diferentes pessoas (catadoras, catadores, alunas e alunos da EJA, professoras, pesquisadoras, e outras mulheres e homens que transitarão por esses discursos).

Ao compor a trama histórica desses enunciados, tomamos o discurso como acontecimento, procurando compreender a função do que foi dito em determinado momento e buscando estabelecer e descrever relações que os discursos analisados "mantêm com outros acontecimentos que pertencem ao sistema econômico, ou ao campo político, ou às instituições" (FOUCAULT, 2006a, p. 255).

Considerando as práticas de numeramento como práticas discursivas e afastando-nos do sujeito unitário, racional, autônomo, fixo, para mostrar que o que chamamos "sujeito", na modernidade, é fabricado discursivamente em meio a mecanismos, a técnicas, a estratégias, a tecnologias, nos diversos espaços sociais e institucionais, buscamos, enfim, fazer aparecer os *jogos de verdade* que configuram as relações de gênero nas práticas de numeramento e nelas se configuram e se *re*configuram.

Capítulo III

"Homem é melhor em matemática (do que mulher)": sobre a produção da superioridade masculina para matemática

Quando se contemplam as relações entre gênero e matemática, a primeira e inevitável questão que se coloca é a do reforço ou do questionamento à pretensa superioridade masculina para matemática. A alusão a essa superioridade é também recorrente nos acontecimentos discursivos que capturamos em nossa investigação sobre essas relações. A descrição do enunciado *"Homem é melhor em matemática (do que mulher)"* que aqui fazemos tem como objetivo justamente discutir a produção de relações de gênero envolvida na circulação desse discurso.

A captura do enunciado

> *Cê é muito burra...* (Pedro[21])
> *Cê é sabidona* (Sebastião)
> *Ela não consegue aceitar que eu sou melhor do que ela em conta.* (Paulo)

Iniciamos a descrição desse enunciado com três enunciações de homens. Vejamos o cenário da primeira enunciação: uma aula de

---

[21] Os nomes com os quais identificamos aqui as catadoras e os catadores são fictícios.

matemática[22] em que se propunha a resolução de algumas operações e atividades diversificadas de escrita de números. Cinco alunas resolviam individualmente, em uma folha, várias operações que envolviam a soma, a subtração, a multiplicação e a divisão, *"segundo o seu nível"*, como nos explicou a professora. As alunas em processo de alfabetização e um aluno, também em processo de alfabetização, formavam numerais até 20 utilizando cartões em que estavam escritos algarismos de 0 a 9. Lia, uma catadora mais jovem, realiza, aparentemente com dificuldade, contas de dividir consultando uma "tabuada" de multiplicação colada pela professora na última folha do seu caderno. Pedro, catador que não frequenta as aulas, entra na sala e se posiciona atrás dela. Ao vê-la resolvendo operações, começa a ditar as respostas e diz: *"Cê é muito burra..."*. Ela ri, e ele continua a ajudá-la com as contas. Depois de um tempo, antes de sair da sala, ele repete balançando a cabeça: *"Cê é muito burra..."*. Daí a pouco, ela fecha o caderno e também deixa a sala de aula. Após algum tempo, Pedro retorna à sala e começa a ajudar Antônio que trabalha formando números com os cartões. A atitude de Pedro é diferente em relação à atitude que teve para com Lia. Ele observa as tentativas de Antônio para formar os números e pergunta:

> Pedro: *Agora cê coloca o quê?*
> (silêncio do Antônio)
> Pedro: *Pega o um e o sete. Dá dezessete.*

Pedro não chama Antônio de "burro", embora a atividade que realizava fosse mais elementar que a realizada por Lia e sua dificuldade parecesse ser maior do que a demonstrada por ela. Ele apenas indica os cartões que Antônio procurava para formar o número dezessete. Vale a pena lembrar que Lia, em uma oficina[23] na qual falávamos

---

[22] No espaço da Associação de catadoras e catadores de materiais recicláveis, acontecia um projeto de extensão universitária, funcionando no local uma turma de EJA da 1ª etapa do Ensino Fundamental. Uma única professora desenvolvia simultaneamente um trabalho específico para aquisição do código de leitura e escrita com um grupo em processo de alfabetização, e outro trabalho, que envolvia atividades também de matemática, com os catadores e as catadoras que já tinham um pouco mais de intimidade com o sistema da escrita.

[23] Nessas oficinas, desenvolviam-se atividades pedagógicas relacionadas às atividades da Associação: leitura de planilhas de custo, cálculos a elas relacionados, resolução de

dos custos da cozinha, participou discutindo situações de compra e venda de produtos, estimando preços, realizando cálculos, realizando projeções sobre o consumo de alimentos.

Vejamos o cenário da enunciação dois: uma oficina em que eram discutidas as contas na Associação. Várias mulheres e dois homens presentes. Dos homens, um responde às questões matemáticas propostas. Das mulheres, uma também responde a todas as questões. Em um dado momento, um dos homens diz para a catadora que responde às questões matemáticas, incitando-a a responder uma pergunta sobre o total de vidros vendidos: *"Vai, Elisa, fala. Cê é sabidona"*.

Vejamos o cenário da enunciação três: trata-se de uma entrevista[24] de uma pesquisadora com um catador, que lhe explica como ensina a companheira, também catadora, a fazer as contas:

> Paulo: *A Eliane, eu tenho que ensinar ela as coisas, porque ela só fez até a quarta, não foi?*
>
> Pesquisadora: *Não sei, você estudou até que série?*
>
> Paulo: *Eu até tentei fazer até a quarta, só que... eu sou mais adiantado que ela na escola, algumas coisas assim, matemática, eu prefiro ensinar ela matemática, assim uma página ou outra, porque ela assim... tipo, eu fico falando de matemática, eu prefiro ensinar ela, só que ela não... ela não consegue aceitar que eu sou melhor do que ela em conta; ela aceita tem hora.*
>
> Pesquisadora: *Hum... hum.*
>
> Paulo: *Só que eu vou explicar os trem, matemática não tem segredo, não. Matemática você tem que armar ela, aí a paciência perde e não dá muito certo não, né? Só que ela não aguenta, não; ela não consegue entender as coisas. Aí eu falo: "Eliane, vão tentar..." Ela: "Não, não vou aprender nada, não...".*
>
> Pesquisadora: *Que conta que você ensina a ela?*
>
> Paulo: *Ah! Conta de... conta de vezes, de dividir.*

---

problemas sobre a venda de materiais recicláveis, sobre a produção da Associação, sobre os custos da cozinha comunitária, sobre o número de horas trabalhadas e o pagamento dessas horas, etc.

[24] Também foram realizadas entrevistas com catadores e catadoras da Associação na composição do material empírico da pesquisa desenvolvida por Souza (2008).

Esses cenários são atravessados pelo enunciado de que *"Homem é melhor em matemática (do que mulher)"*, não somente pelas palavras firmes do Paulo, de que *"ela não consegue aceitar que eu sou melhor do que ela em conta"*, ou pelas enunciações de Pedro e Sebastião ironizando a competência matemática de suas colegas: *"Cê é muito burra..."*, *"cê é sabidona"*.

O enunciado não se encontra nos signos linguísticos: ele atravessa as situações discursivas mostrando o funcionamento desse discurso. No material analisado, esse enunciado aparece nas falas dos catadores sobre o controle das contas na Associação, sobre a organização do espaço de trabalho, sobre as formas como eles se posicionavam frente ao conhecimento matemático escolar; aparece, também, no modo como se posicionavam como *quem domina* os tipos de conta da Associação, ou mesmo quando se esquivam, durante as oficinas e nas aulas, de assumir os erros matemáticos que cometiam nas atividades escolares; aparece até mesmo no seu silêncio em oficinas nas quais se discutia o consumo de alimentos e o prazo de validade dos produtos (o que envolvia estimativas e não a utilização de cálculos exatos); e aparece, ainda, na recusa deles em participar dessas oficinas e nas críticas que faziam à participação das mulheres nelas, quando as mesmas enunciavam respostas corretas às questões propostas (*"Olha o que ela tá falando..."*, *"Ih!"*, *"vai... fala!"*, *"Esse povo acha que é sabido"*), quando cometiam erros (*Olha lá!, "Quatro vez quatro é vinte?"*[25]), ou quando apresentavam dúvidas relacionadas à matemática (*"Opa!"*, *"Cê não sabe isso, minha filha?"*, *"Ela tá contando no dedo!"*). A enunciação sobre o resultado da multiplicação 4x4 foi repetida pelos homens em diversos momentos: horário do café, momento anterior ao início do trabalho, ou quando a catadora que apresentou o resultado incorreto passava perto deles: *"Ih, agora quatro vezes quatro é vinte!"; "Ô fulano, quanto é quatro vezes quatro, mesmo?"*...

O enunciado da *superioridade masculina para as contas* circula também nas enunciações femininas. Por diversas vezes, as mulheres

---

[25] Durante a realização de uma das oficinas, quando discutíamos o que significava matemática para o grupo, uma catadora registrou em uma folha, ao modo escolar, a operação: 4 x 4 = 20.

enfatizam a maior capacidade masculina para atividades matemáticas socialmente valorizadas, como é o caso da realização de "contas de cabeça", seja nas lembranças das catadoras sobre como o pai fazia as contas (nunca a mãe), como ele guardava *"tudinho de cabeça"*, ou na atualização da valorização dessa capacidade masculina para *fazer contas de cabeça*, quando o recurso é utilizado por dois catadores e valorizado por elas[26]:

> Pesquisadora: *Quem faz conta, faz conta de cabeça...*
>
> Graça: *Aqui só tem dois que faz conta de cabeça. É o Otávio e o Lauro, desde que eu sei que eles trabalha com nós.*
>
> Pesquisadora: *O Otávio e o Lauro? Os outros pega no papel?*
>
> Graça: *Os outro eu não sei, porque não trabalha com nós.*
>
> Clélia: *Eles não pega não.*
>
> Graça: *Eles faz na cabeça mesmo. Desde que eu sei que eles trabalha com nós, eles faz de cabeça. Eles faz certinho. É os único que eu nunca vi pegar lápis e papel pra fazer conta.*
>
> Tereza: *Também faço desse jeito.*
>
> Graça: *Mas é rápido... eles faz é rapidinho. É os único de nós aqui que eu vejo fazendo. E rápido.*

Os homens multiplicam, em suas enunciações, o enunciado que remete a *uma superioridade masculina para a matemática*, como natural e universal; também as mulheres o repetem, por exemplo, quando comentam que algumas contas *"nem ele tava conseguindo"*,[27] quando silenciam diante das intervenções e críticas masculinas, ou quando, na sala de aula, se negam a dar respostas em voz alta às contas propostas pela professora.

Durante as entrevistas, porém, elas relatam situações em que organizam *matematicamente* suas vidas; entretanto, há um silenciamento do reconhecimento de que elas também "são boas de conta", pois o que fazem não consideram como "matemática": conseguir

---

[26] A situação discursiva apresentada ocorreu durante a realização de uma oficina na qual se discutia as contas que realizamos em nosso dia a dia e os modos como as realizamos.

[27] Enunciação de uma catadora referindo-se às contas da escola que o marido a ensinava a fazer.

comprar uma casa para cada uma de suas quatro filhas e para um filho; resolver e conseguir adquirir uma carroça e um animal para o seu trabalho como carroceira, *"porque a gente tem muita boca pra sustentar"*; a compra de um lote, que *"não é negócio, é barganha que a gente faz [...] porque eu não sou boa de conta mesmo não"*.

Em outras situações, também ecoa, nas enunciações femininas, o discurso da dificuldade das mulheres para entender questões matemáticas da vida cotidiana:

> Alda chega ao escritório e diz para o encarregado da prefeitura que atua no escritório:
>
> Alda: *Não tô entendendo. Antes nós tirava duzentos reais e agora nós não tira nada.*
>
> Encarregado: *Agora tá com pouco material. E o trabalho também tá pouco.*
>
> Jô, uma catadora de 76 anos, que ouviu a conversa, comenta com a pesquisadora:
>
> Jô: *Não sei por que essas mulher não entende. Tirava 200 reais por mês. Hoje paga por quinzena. Se recebe 80 por quinzena recebe por mês quase 200. A quinzena que der 100 vai ser 200. Elas não entende isso de jeito nenhum.*

Esse enunciado circula também nas falas das professoras, ao incentivarem e esperarem a participação masculina nas aulas de matemática e no modo como acolhem as respostas às contas dadas pelos homens; na solicitação que elas fazem aos alunos para que não falem as respostas (*"Espera elas falarem"*); nas provocações feitas às alunas (*"Vocês vão deixar só o Paulo falar?"*); e no questionamento feito a algumas delas sobre a autoria da resolução de operações, tarefa dada para casa (*"Você fez sozinha?"*).

Esse enunciado circula, ainda, nas enunciações das pessoas[28] que atuam junto aos catadores e às catadoras apoiando a Associação, em suas falas de que *"a mulher negocia menos"*, *"que esse povo* (referindo-se às mulheres) *não entende as contas e briga"*, ou na pergunta direcionada às mulheres, repetida várias vezes em situações diversas,

---

[28] Funcionários da prefeitura que atuam no escritório da Associação.

quando se discutia o pagamento referente ao trabalho ou a proibição de se fazer horas extras: *"Vocês estão entendendo?"*.

A intensa circulação desse enunciado sobre a superioridade masculina para a matemática não é por certo uma característica restrita aos contextos dessa Associação de Catadoras e Catadores de Materiais Recicláveis de uma cidade do interior de Minas Gerais. Se trazemos esses episódios colhidos ali é para que leitoras e leitores, ora estranhando as posições discursivas assumidas por essas mulheres e esses homens, ora identificando-se com elas ou identificando nelas outras experiências vividas ou testemunhadas, apreendam a materialidade desse enunciado e se deem conta da frequência de sua enunciação e da diversidade de formulações, menos ou mais explícitas, que ele assume.

Mulheres, homens, matemática e racionalidade cartesiana

A análise que fazemos de diversas ocorrências do enunciado de que *"homem é melhor em matemática (do que mulher)"*, das quais as situações citadas na seção anterior são exemplos, leva-nos a reconhecer seu pertencimento ao *campo discursivo* da racionalidade cartesiana. Queremos discutir aqui, como já tivemos a oportunidade de fazer em Souza (2008) e em Souza e Fonseca (2009b; 2010), os modos pelos quais o pensamento cartesiano, base da ciência moderna, estabelece-se como uma função enunciativa[29] que sustenta e reativa o enunciado da superioridade masculina (e da inferioridade feminina) para a matemática.

A pretensão do pensamento cartesiano era o de "unificar todos os conhecimentos humanos a partir de bases seguras, construindo um edifício plenamente iluminado pela verdade e, por isso mesmo, todo

---

[29] A função enunciativa é descrita por Foucault no livro *A arqueologia do saber* (2005). Ele mostra que essa função (função do enunciado) se liga a lugares institucionais, a regras sócio-históricas que fazem com que "as pessoas num determinado período considerem certos atos discursivos seriamente" (DREYFUS; RABINOW, 1995, p. 65), isto é, se liga ao valor de verdade que se lhes atribui e só se está dentro da verdade "obedecendo às regras de uma 'polícia discursiva' que devemos reativar em cada um de seus discursos" (FOUCAULT, 1996, p. 35, aspas do autor).

feito de certezas racionais" (GRANGER, 1983, p. VII). Esse pensamento se constituiu, e se constitui, em um dos pilares da modernidade (na produção do "sujeito da razão") e na produção dos modos de organização e valoração do conhecimento matemático na sociedade moderna: a matemática da razão.

Essa racionalidade institui os modos "válidos" de se fazer matemática, que, em sua intenção e método, engendram uma produção discursiva permeada pela valorização da exatidão, da certeza, da perfeição, do rigor, da previsibilidade, da universalidade, da indubitabilidade, da objetividade, das "cadeias de razões", da linearidade, etc. E se institui a si mesma como "verdade", e institui "verdades" sobre a matemática na sociedade ocidental, seja nos espaços não escolares, seja na escola[30].

O pensamento cartesiano vai aparecer como objeto de análise foucaultiana, por aquilo mesmo que ele encerra: suas raízes metafísicas e a "Deusa-razão, que Descartes cultua e que será exaltada pelo Iluminismo do século XVII" (GRANGER, 1983, p. XVII). Para a crítica foucaultiana, esse pensamento, que anulou as diferenças e universalizou as semelhanças[31], é um pensamento regido pela "tentação de tornar a natureza mecânica e calculável" (FOUCAULT, 1999, p. 78). Entendida nesse sentido estrito, "a *máthêsis* é a ciência das igualdades, portanto, das atribuições e dos juízos, é a ciência da verdade" (p. 102). Foucault analisa o alinhamento dos saberes modernos à matemática, afirmando que é a submissão desses saberes a um "ponto de vista único da objetividade do conhecimento" (FOUCAULT, 1999b, p. 479) que instaura a positividade desses saberes "de seu modo de ser, de seu enraizamento nessas condições de possibilidade que lhes dá na história, a um tempo, seu objeto e sua forma" (p. 479).

A racionalidade de matriz cartesiana se expressa também na matemática escolar, em seus códigos e signos, na pretensão de uma

---

[30] Borba e Skovsmose (2004) discutem a ideologia da certeza como marca da matemática que se ensina na escola.

[31] Essas reflexões serão apresentadas por Foucault no livro *As palavras e as coisas* (1999b). Nesse livro, questionando o estatuto das Ciências Humanas, Foucault apresenta a matemática, de matriz cartesiana, como uma Ciência que serviu de parâmetro para as Ciências Humanas tal como se estabeleceram a partir do século XIX.

linguagem universal, e em seus processos de pensamentos cristalizados e afirmados como verdades. Essa forma escolar de se fazer matemática marca as práticas de numeramento no espaço escolar, mas também muitas das práticas em espaços não escolares.

No material empírico do qual estamos aqui lançando mão para identificar e descrever esse enunciado, multiplicam-se enunciações que reafirmam o predomínio dessa racionalidade, produzidas por catadoras e catadores, e pelas professoras. Na sala de aula, as professoras enfatizam, persuadem, estimulam as alunas e os alunos a usarem o *"Raciocínio"*, porque *"Matemática é Raciocínio"*, *"Matemática não é copiar: é usar raciocínio"*, *"Vocês estão preocupados com o jeito. Tem que pensar. Matemática é raciocínio"*. Durante as oficinas, as catadoras e os catadores vão, também, repetir palavras que reafirmam essa racionalidade: *"Essa conta foi boa pra eu poder raciocinar"* (Simone), *"É só raciocinar, gente"* (Sebastião), *"Matemática não tem segredo não, matemática você tem que armar ela"* (Paulo).

Outra série de palavras que remetem a *automatismo e linearidade*, e que se relacionam a essa matemática de matriz cartesiana, primado da razão, modelo de objetividade e padronização, aparece nas práticas de numeramento no espaço escolar, indicando sua associação a um discurso pedagógico, segundo o qual se aprende matemática pelo treino, pela repetição, pela aquisição de automatismos, pela organização linear dos conhecimentos: *"A gente vai fazendo automaticamente. Era só olhar na tabela quanto era por cinco e colocar na outra conta"*,[32] *"Se começar da base que eles vão entender"*.[33] *"Gente, não é mais fácil aprender a multiplicação do que ficar quebrando a cabeça assim? Eu vou trazer o QVL[34] e vocês vão entender"*. É como se ouvíssemos aqui Descartes recomendando em seu discurso do método, "dividir cada uma das dificuldades [...] em tantas parcelas

---

[32] Enunciação da professora durante uma das aulas observadas.

[33] Enunciação da professora durante uma oficina na qual se discutia cálculos relativos ao peso do material reciclável a ser comercializado.

[34] No ensino da matemática, o domínio da representação do número no Quadro Valor de Lugar (QVL) ainda tem sido, frequentemente, considerado como pré-requisito para a aprendizagem do sistema de numeração. Prevalece aqui a ideia de linearidade do conhecimento matemático e de sua aprendizagem.

quantas possíveis e necessárias fossem para melhor resolvê-las" (Des-cartes, 1983, p. 38).

Como a ecoar a máxima cartesiana de "jamais acolher alguma coisa como verdadeira que eu não conhecesse evidentemente como tal" (p. 37), fala-se também em prova e conferência. Encontram-se esses ecos na enunciação de Elisa que, ao terminar a conta, pergunta, por exemplo, à professora se tem que *"tirar a prova."* A professora responde que sim, que tem que *"conferir o resultado".* Em quase todas as contas feitas no espaço escolar, a prova é estimulada, mostrando que só pode ser considerada *verdadeira matemática* a que permite ser provada por processos de dedução e conferência, sendo ensinado às mulheres e aos homens, nessas práticas, que há um caminho para se fazer matemática: *o caminho da razão.*

É esse caminho da razão que possibilita o aparecimento do enunciado de que *"Homem é melhor em matemática (do que mulher)"*, porque promove a homogeneização de um certo modo de raciocinar, tomado como forma universal de compreender, universalidade que nega as diferenças. Ao apoiar-se nessa racionalidade cartesiana, esse discurso produz um tipo de masculinidade, na qual o *valor do homem racional* deve ser constantemente reafirmado de muitos modos; e, desse *valor,* exclui-se a sensibilidade, a afetividade, as incertezas, que se distanciam dos caminhos da razão, identificando-as como "características das mulheres".

Produz-se, assim, nesse discurso, *um tipo de homem* como categoria fixa e universal. Por sua vez, produz-se, também, *um tipo de mulher*, que, por não "ser" detentora dessa racionalidade, de *matriz cartesiana*, é posicionada nesse discurso como irracional, dada à afetividade, emotiva, portanto, pouco afeita aos caminhos da razão, incapaz para fazer matemática, sendo assim "sujeitada à ação de um outro" nas práticas de numeramento que trazem a marca dessa racionalidade. Esse discurso disponibiliza posições de sujeito a serem assumidas por mulheres (como menos capazes) e por homens (como mais capazes).

Walkerdine, em seus estudos sobre gênero e matemática, relaciona essa racionalidade matemática com a fantasia da masculinidade que promove a exclusão das mulheres, a partir de um discurso no qual o poder e o controle estão inscritos. Sendo a feminilidade tomada como o avesso da racionalidade masculina, a autora argumenta que o poder da racionalidade e o pensamento matemático se entrelaçam na definição cultural da masculinidade, que é, em nossa sociedade, usualmente aceita como detentora da razão:

> Então, a razão, como a matemática, torna-se uma fantasia de masculinidade na qual a masculinidade tem que ser constantemente provada, assim como a exclusão das mulheres dela. A prova da superioridade masculina e o fracasso feminino têm constantemente sido refeita e desesperadamente reafirmada[35] (WALKERDINE, 1988, p. 200).

Mulheres e homens na ordem do discurso matemático

Mulheres e homens entram de forma diferenciada *nessa ordem do discurso*[36] *matemático.*

Para os homens, a ameaça da perda do poder conferido por esse discurso impõe um exercício e uma vigilância contínua, ao modo cartesiano de busca da certeza, "de não se fiar nos sentidos" (FOUCAULT, 2006c, p. 272), evitando-se resvalar para os perigos da *des*razão. Por isso, as contas que eles fazem de cabeça *"eles faz certinho".* Esse enunciado produz, assim, homens racionais e autônomos, *senhores da razão,* que se veem instados a usar de exercícios e estratégias para preservar seu lugar *nessa ordem do discurso,* provando constantemente sua superioridade.

Ocupando um lugar nesse discurso da razão, os catadores desqualificam, de muitos modos, as catadoras em enunciações[37] como: *"Mulher só sabe falar", "Se você for prestar atenção ao que essas mulheres falam, cê fica doida, a gente fica doido", "Vê se ocês entende de uma vez".* A mulher é situada fora do que se considera um padrão de racionali-

---

[35] *"Rather, reason, as mathematics, becomes a fantasy of masculinity in which masculinity has to be constantly proved, as does woman's exclusion from it. The proof of masculine superiority and female failure has constantly to be remade and desperately reasserted".*

[36] Na sua aula a *Ordem do discurso,* Foucault vai mostrar que o discurso é controlado por procedimentos de exclusão e interdição "que não se tem o direito de dizer tudo, que não se pode falar de tudo em qualquer circunstância, que qualquer um, enfim, não pode falar de qualquer coisa" (FOUCAULT, 1996, p. 9).

[37] Essas enunciações aparecem durante as oficinas nas quais se discutiam práticas de numeramento presentes nas relações de trabalho no espaço da Associação.

dade, porque dada ao descontrole nos gestos e na fala. Em toda essa produção discursiva do homem racional e da mulher irracional, a *inferioridade* e a *incapacidade feminina* são dadas como verdade.

Para mulheres e homens, a entrada nessa ordem do discurso matemático supõe algum tipo de assujeitamento. Para as mulheres, no entanto, esse assujeitamento lhes lega, via de regra, posições destinadas aos "incapazes" e as limitações ou os constrangimentos que, por essa incapacidade, se "justificam". Tanto as mulheres mais jovens quanto as mulheres mais velhas assumem *essa posição de sujeito* "incapaz para a matemática" (de matriz cartesiana): as mulheres mais jovens enunciam seu desconforto e enfatizam suas dificuldades nas tentativas de aprender a matemática da escola; ao passo que as mulheres mais velhas, mesmo não enunciando esse desconforto, silenciam seus modos de *matematicar* diante da matemática escolar, sacralizando-a. A matemática que elas fazem cotidianamente não é reconhecida por elas como matemática, ou pelo menos não lhes parece ser a "verdadeira matemática"; portanto, elas continuam ocupando, nesse discurso, a posição de menos capazes de fazer matemática do que os homens.

Entretanto, ao relatarem situações cotidianas, as mulheres se mostram capazes de gerenciar sua vida e as vidas que dependem delas. É a elas que cabe prover o alimento, prever e eleger despesas, controlar gastos e fazer negócios, como nos relata Cida:

> Cida: [...] *não, eu mesma ponho preço, assim, o animal bom de carroça, né? Vale quinhentos, seiscentos reais, se ele é ruim de carroça, vale trezentos.*
>
> Pesquisadora: *Hum, hum, e você sabe esse preço de onde?*
>
> Cida: *Tá na praça, né?*
>
> Pesquisadora: *Tá na praça, Cida? Você fala igual... tá na praça como assim? Você vai lá e...*
>
> Cida: *Não, o pessoal fala: Ah eles tão vendendo animal lá na praça por tanto; bom de carroça, aí eu vou e aguardo, na hora que eu precisar eu vou e vendo.*
>
> Pesquisadora: *Então você comprou uma casa, comprou tudo, você que comprou tudo?*
>
> Cida: *Não, isso não foi negócio que a gente fez, foi berganha.*

Os homens, por sua vez, não assumem o cuidado com as filhas e os filhos, em função do enunciado de que a mulher cuida melhor, que discutiremos no próximo capítulo. Porém, mesmo criando sozinhas os filhos e as filhas e, portanto, resolvendo diversas situações matemáticas cotidianas, as mulheres se referem à matemática escolar como algo de difícil alcance: a própria Cida dirá de suas habilidades de cálculo: *"Só de mais, menos, vezes, aí, algumas eu sei, agora continha de multiplicar que tem que descer um monte de número que eu não sei..."*. Simone, que criou sozinha três filhos, vai na mesma toada: *"Agora tipo assim, pra dividir, pra multiplicar, me confundia a mente toda, eu não conseguia fazer, de mais, minha especialidade era conta assim, mas agora de dividir e multiplicar, não dava"*.

Ao entrarem nessa ordem do discurso matemático, as mulheres assinalam impedimentos em suas práticas, que, ao que parece, não se confirmam na vida cotidiana: impregnam, porém, suas enunciações, como efeitos de verdade, do discurso da superioridade masculina em matemática.

O fortalecimento do discurso da superioridade masculina em matemática

O discurso da superioridade masculina em matemática que produz a racionalidade como própria do masculino, e a irracionalidade como própria do feminino, multiplica-se em nossa sociedade moderna, *associando-se a enunciados de outros campos*. Associam-se, por exemplo, a algumas interpretações sobre as diferenças entre mulheres e homens que se apoiam no campo da biologia, explicando que tais diferenças se produzem organicamente. Essas interpretações são sustentadas, muitas vezes, em discussões sobre diferenças genéticas, como mostram os excertos discursivos, extraídos de uma reportagem da revista *Época*,[38] que, sob o título – "Por que tão poucas?" – discute a pequena participação da mulher nas ciências, contrastando com o avanço delas em quase todas as áreas.

---

[38] Matéria publicada na seção "Sociedade" da revista *Época* de 24 de setembro de 2007.

> Há quem ache natural haver tão menos mulheres que homens na ciência. Em 2005, o então presidente da Universidade Harvard, nos EUA, o economista Lawrence Summers, revoltou a comunidade científica levantando a possibilidade de a genética ser responsável pelo maior sucesso dos homens nas ciências exatas. Neste ano, Summers foi substituído por uma mulher: a historiadora Drew Faust. "Não existe nenhuma prova nem evidência científica de que haja uma diferença entre o cérebro da mulher e do homem capaz de influenciar no desempenho como pesquisador ou no interesse pela ciência", diz Ralph Cicerone, presidente da Academia Nacional de Ciências dos Estados Unidos. "Então, temos de assumir que somos todos iguais".
>
> (*Época*, 24 set. 2007, p. 120-122)

Em outro trecho da reportagem, Tânia Nogueira, responsável pela matéria, afirma que *"Não haver diferença genética não significa não haver diferença"*, apresentando, para corroborar sua fala, um argumento da geneticista Mayana Zatz, pró-reitora de pesquisa da Universidade de São Paulo: *"Homens e mulheres têm características diversas [...] Isso é evidente. O homem é mais focado, a mulher mais observadora. O que é genético e o que é cultural, ainda não se tem certeza"*.

Além de associar-se a campos discursivos da biologia, esse enunciado *coexiste com enunciados de outros campos discursivos*, como em campos discursivos produzidos na psicologia ou na mídia, por exemplo, especialmente, naqueles que se explicitam em enunciados sobre a mulher como mais afetiva, dada a sensibilidade, maternal, capaz de cuidar, correlacionando-se, assim, com enunciados que afirmam um modelo universal de mulher, como mostram os estudos de Rosa Fischer (2001b). Ao trazer esse excerto discursivo de uma reportagem,[39] pretendemos mostrar uma das condições propostas por Foucault (2005) para a existência de um enunciado, que é a sua coexistência com uma série de outras formulações (outros enunciados), o que atestaria a historicidade dos enunciados.

---

[39] Na descrição dos enunciados que aqui faremos, outras reportagens serão trazidas para compor o material de análise dessa trama histórica.

"Homem é melhor em matemática (do que mulher)": sobre a produção da superioridade masculina para matemática

O enunciado da superioridade masculina para matemática encontra *enunciados correlatos* em campos discursivos da racionalidade econômica que se apoia em estudos no campo da estatística. Associa-se, por exemplo, ao discurso político do Ministério da Educação (MEC), que, segundo Marlucy Paraíso (2007), tem transformado o campo da educação em um território de ação, de estratégia de governo, no sentido foucaultiano de estruturação do "eventual campo de ação dos outros" (FOUCAULT, 1995a, p. 244). Com efeito, o MEC tem conferido inegável ênfase à realização de testes de aferição de desempenhos, nos quais o sexo aparece como uma variável a ser medida, considerando-se mulheres e homens como categorias universais, sem cotejá-los com outras especificidades de subgrupos socioculturais no âmbito dessas categorias, tomando, pois, os resultados da amostra feminina como "desempenho das mulheres" e da amostra masculina como "desempenho dos homens"[40]. Tais análises se tornam, assim, um "sistema de razão" (POPKEWITZ; LINDBLAD, 2001), que se propõe a regular a vida das pessoas, as práticas escolares, as práticas sociais tornando "o mundo inteligível e calculável para intervenções políticas e sociais" (p. 111).

Circulam, ainda, no material que analisamos, enunciados sobre a mulher gentil, educada, dócil, incapaz de se concentrar, bem-comportada, responsável por alimentar, cuidar e criar, responsável pelos afazeres domésticos, mulher-mãe amorosa, capaz de esperar, mulher previdente, pouco confiante como parte do seu charme, disposta a ajudar, responsável pela vida doméstica, mulher que requer cuidados. Circulam, igualmente, enunciados sobre os homens como ousados, atirados, capazes de controlar e organizar, cuja natureza não é cuidar, e enunciados que os colocam como responsáveis pela organização no mundo do trabalho. Tais enunciados configuram práticas de numeramento para mulheres e para homens, que, reservando a eles posições

---

[40] Como exemplo desses testes, podemos citar a Prova Brasil que se propõe a avaliar desempenhos das/dos estudantes no Ensino Fundamental e o Sistema de Avaliação da Educação Básica – SAEB que avalia desempenho dos/das estudantes ao final do Ensino Médio. Informações sobre esses testes encontram-se disponíveis no sítio eletrônico do Instituto Nacional de Estudos e Pesquisas Educacionais Anísio Teixeira (INEP) (http://www.inep. gov.br/basica/saeb/deault.asp). Sobre avaliações do SAEB e desempenho de alunas e alunos em matemática, conferir ANDRADE; FRANCO; CARVALHO (2003).

disponibilizadas por um modo de se comportar mais identificado com a racionalidade hegemônica, reforçam o enunciado de que *"homem é melhor em matemática (do que mulher)"*.

Para prosseguir na reflexão

Esses enunciados que circulam em nossa cultura, nos modos como nos organizamos e vivemos nossas vidas, como mulheres e homens, em arranjos sociais – que se configuram mais vantajosos para os homens do que para as mulheres – são constantemente reativados, em discursos de diversos campos, sendo apresentados como se fizessem parte da *natureza feminina* e da *natureza masculina*. Essa discussão é a que subsidia a descrição, que no próximo capítulo fazemos, do enunciado: *"Mulher cuida melhor... mas precisa ser cuidada"*.

Capítulo IV

"Mulher cuida melhor... mas precisa ser cuidada": sobre a produção de "práticas de numeramento femininas" e "práticas de numeramento masculinas"

Ao analisar relações de gênero e matemática, compreendemos a necessidade de voltar-nos para as práticas cotidianas não escolares de mulheres e homens que podem nos oferecer elementos para compreender tais relações. Neste capítulo, procuramos discutir práticas que não se ligam à sala de aula, ou em que a alusão à matemática não adquire centralidade, mas que são instauradoras de relações desiguais de gênero e produzem práticas matemáticas femininas e práticas matemáticas masculinas, como aquelas que atam discursivamente às mulheres as práticas do cuidado.

A captura do enunciado

O enunciado de que *Mulher cuida melhor... mas precisa ser cuidada*" foi capturado, no material empírico que analisamos, em práticas de numeramento que se relacionam à vida de mulheres e homens no espaço da casa, especialmente as constituídas nas preocupações femininas no cuidado com o outro. Tal enunciado também foi identificado no espaço do trabalho pelo exercício feminino de atividades relacionadas, também, ao cuidado. Exemplificamos, o aparecimento desse enunciado no fragmento da entrevista a seguir, na qual Simone relata as razões que a levaram a trabalhar como catadora na Associação.

[...] antes de vim pra cá, eu não trabalhava fora, trabalhava em casa e mexia com os meus crochê e, também, fiz um curso de corte de cabelo, [...], de cabeleireiro. Eu fiz curso de três meses, terminei o curso, só que onde eu moro não dava pra mim poder alcançar aquilo que eu estava precisando, e, os clientes são muito poucos, não dava, pra mim poder alugar um lugar fora pra mim trabalhar... também, tinha os meninos pra cuidar, é um serviço que fica até tarde, e aí é difícil a gente que é mulher chegar tarde em casa.

[...] Eu e meu marido sentamos e conversamos.

Ele falou: "Assim tá difícil, porque trabalha, trabalha, trabalha e não dá".

Você vê que a gente trabalha porque quer, porque era melhor ficar em casa, né? E não é bem por aí. Eu quero, eu tenho filho, também, que não é dele, eu gostaria de ajudar, não deixar só pra ele, e, tá dando não, minha filha, não tá dando. Eu já tentei trabalhar a questão do horário, e mexer com meus crochê, pra mim vender. Eu também... eu pensei em arrumar outro serviço fora, eu não sei, tem que ver o quê que vai arrumar, porque aqui não vai dar.

Ao mesmo tempo em que Simone vê suas práticas de trabalho cerceadas pelas restrições de mercado (*os clientes são muito poucos*), é o enunciado do cuidado, *de que a mulher é responsável por cuidar*, a convicção de que as práticas do cuidado são a ela destinadas, que atravessa sua afirmação de que *"tenho os filhos para cuidar"*, de *"que é difícil pra gente que é mulher chegar tarde em casa"*. Esse mesmo enunciado impõe a ela a obrigação de ajudar o companheiro, nas despesas domésticas embora fosse *"melhor ficar em casa"*, porque, como o marido afirma, *"trabalha, trabalha, trabalha e não dá"*.

Por sua vez, ela, como mulher, se vê também envolta numa contradição: diante de sua avaliação de que *"deixar só pra ele tá dando não..."*, assumindo esse enunciado de que *cuidar é da natureza feminina*, dispõe-se a "trabalhar fora" (ainda que fosse melhor ficar em casa), mas se vê constrangida pela hipótese da fragilidade feminina (*"mulher precisa ser cuidada"*) e de suas responsabilidades no espaço doméstico: *"é difícil pra gente que é mulher chegar tarde em casa"*.

Nas enunciações de quatro outras catadoras, encontramos esse enunciado se multiplicando, quando elas relatam, durante as entrevistas, como foram impedidas, pelos seus companheiros, de estudar e de realizar outro tipo de trabalho que trouxesse para elas um maior retorno financeiro: *"Não fica bem uma mulher andar sozinha a altas horas"* (Cora), *"chegar tarde em casa"* (Lia), *"ficar pra rua de noite"* (Gina), *"porque ele tem medo d'eu trair ele"* (Eliane). Uma catadora mais velha detalha esses impedimentos:

> Pesquisadora: *A senhora falou que nunca tinha ido à escola.*
>
> Cora: *Não, eu fui, toda vida eu fui na escola. Eu entrei lá no não sei o nome do colégio, lá na praça.*
>
> Pesquisadora: *Senhora entrou lá de noite?*
>
> Cora: *De noite e tava aprendendo, moça. Mas meu marido tava com ciúme, parei. Ele falava comigo: "Cê tá de sacanagem com homem...". Eu falei: "Oh meu Deus, eu tô estudando". E ele: "não, não tô acreditando". "Vai mais eu, senta lá e vão estudar". Como ele tava sem compreensão, eu larguei a escola.*
>
> Pesquisadora: *Quando era menina a senhora nunca estudou?*
>
> Cora: *Entrei, não, deixa eu ver, não, entrei não. Meu pai nunca me botou na escola, botou meus irmãos, irmão macho, mas eu não, nem a Joana, minha irmã, ele não colocou e nós foi trabalhar: fazer farinha de mandioca, farinha de milho, rapadura, melado, criar galinha, criar porco...*

É importante considerar como esse enunciado da *natureza feminina como dada ao cuidado, perigosa, capaz de atrair e trair, frágil* vulnerabiliza a mulher e como ele é evocado para justificar situações de violência contra ela. *"A gente que é mulher tem medo mesmo"*, relata Graça, uma catadora que descobriu quem roubava sistematicamente, à noite, os materiais que ela e as outras catadoras limpavam durante o dia, o que resultava, consequentemente, em uma situação de exploração do seu trabalho e de redução do seu ganho. Entretanto, elas não puderam denunciar o responsável pelo roubo porque *"o homem falou que tinha uma corrente lá pra nós"*.

É esse mesmo enunciado que se faz presente quando Gina relata que o marido está internado em uma entidade *"para curar a bebedeira"*, que *"ele não ajuda em nada, mas eu vou buscar ele..."*

porque onde a gente mora não pode ficar sem homem na casa". O enunciado do cuidado provoca, assim, a produção de certas práticas de numeramento por essa catadora. Ela se vê obrigada a buscar o marido internado para *cuidar dele em casa*, ainda que ele não contribua no orçamento ou nos afazeres domésticos, porque *"bebe o dinheiro"*; Gina assume a responsabilidade de levá-lo a frequentar o grupo Alcoólicos Anônimos (AA), em um bairro distante, inclusive arcando com o gasto de oito passagens, uma vez por semana, o que consumirá parte significativa do dinheiro que recebe na Associação e que ela precisa saber administrar para *"tratar"* dos quatro filhos. Suas enunciações também nos mostram a *necessidade* de que a mulher seja cuidada por um homem, pois a presença do marido (mesmo bêbado) a protege em um bairro particularmente violento: *"porque onde a gente mora não pode ficar sem homem na casa".*

O enunciado do cuidado se multiplica nas enunciações das catadoras, quando fazem referências às situações nas quais constroem redes solidárias entre as vizinhas para o cuidado das filhas e dos filhos, ou nas referências que fazem às dificuldades pelas quais passam pela ausência de quem cuide delas, por serem *mulheres sozinhas.* Está nos argumentos tanto de Lucinda (32 anos), que afirma não poder pagar a dívida que contraíra com outra catadora, a Judite, que lhe vendera uma roupa para sua filha, porque é sozinha. E está no argumento de Cora (67 anos) que a exorta a pagar, pensando na situação de Judite (61 anos): *"Pague a Judite. Ela também é mulher sozinha, e a mulher manda o nome dela pro SPC".*[41]

Esse enunciado do cuidado circula na enunciação de Paulo, quando ele afirma que *"Nunca gostou de ganhar dinheiro de mulher, eu é que cuido"*; circula, também, contraditoriamente, na enunciação de sua companheira, de dezoito anos: *"Eu ajudo a cuidar dos meninos dele porque ele não olha... eu ajudo o Paulo a pagar as contas, pago conta pra ele".*

Vemos esse enunciado se multiplicar na situação discursiva a seguir, durante a realização de uma oficina, na qual discutíamos as

---

[41] Refere-se ao Cadastro do Sistema de Proteção ao Crédito.

contas que fazemos no nosso dia a dia e da qual participaram três homens e vinte e uma mulheres:

> Pesquisadora: *Outra coisa, quem faz mais conta... das coisas da casa, por exemplo: Homem ou mulher?*
>
> Várias Mulheres: *As mulheres.*
>
> Pesquisadora: *Por quê?*
>
> Arlete: *Homem não sabe isso.*
>
> Graça: *Homem hoje em dia não tá ligando pra conta na casa dele.*
>
> (Conversas paralelas, risadas)
>
> Paula: *Vê se homem vai ligar?*
>
> (Várias conversas paralelas)
>
> Cecília: *Eu nunca tive ajuda.*
>
> Marta: *Meu mora comigo, e nada.*
>
> Cora: *Homem? Homem não dá nada, não.*
>
> Zélia apontando para o marido Hélio: *Esse aqui faz.*
>
> (Risadas...)
>
> Arlete: *Olha o que ele falou?*
>
> Pesquisadora: *O que ele falou?*
>
> Hélio: *Os homem antigamente, a ideia deles é uma; os novato hoje é outra. A ideia das pessoas antiga é melhor que as do novato.*
>
> Ana: *Antes eles ajudavam a mulher.*
>
> Hélio: *Os antigo é diferente.*
>
> Ana: *Os homens deixou as mulher fazer tudo, Celeste. De primeiro, tudo era os homens que era o melhor. Ele era o chefe, ele era a cumieira, era tudo. Hoje é nós. Hoje é nós.*
>
> Mulheres concordam.
>
> Eva: *Lá em casa é Eva. É conta, é problema. Tudo é eu. Eu sou o homem e a mulher.*

Nessa situação discursiva, o enunciado do cuidado[42] permeia – e, de certa forma, justifica – a negligência masculina diante das

---

[42] Esse enunciado do cuidado coexiste nessa situação discursiva com o enunciado "mulher também tem direitos", que será descrito no Capítulo VI.

responsabilidades na organização da vida doméstica: assumir as filhas e os filhos, pagar as contas e ser o provedor, o que, segundo uma cultura patriarcal, seria da competência masculina, incluindo-se nessa competência o "cuidar da mulher". A historicidade do enunciado se explicita na análise de Hélio sobre a diferença de atitude em relação àquelas responsabilidades antigamente assumidas pelos homens ("*os antigo*") e das quais "*os novato*" se abstêm. Explicita-se também nas avaliações de Ana e Eva sobre a substituição dos homens pelas mulheres no papel de "*chefe*" e "*cumieira*", sem, no entanto, provocar alterações nas atribuições relativas ao cuidado, também impostas historicamente às mulheres, que agora as acumulam com a responsabilidade de prover e chefiar o lar, novidade dos nossos tempos: "*Hoje é nós*"; "*Tudo é eu. Eu sou o homem e a mulher*"...

Nessa comparação, feita por Hélio e pelas mulheres, entre os lugares sociais dos homens "antigos" e "novatos", *que não cuidam mais* ("como deveriam") reativa-se o enunciado de que a "*mulher cuida melhor*". Como é "*da natureza feminina cuidar melhor*", as mulheres assumem, atualmente, a responsabilidade, também, pela materialidade desse cuidado com as filhas e os filhos[43] (alimentos, moradia, roupas, remédios – esses últimos quando podem ser adquiridos). Nessas situações, a mulher não pode *se dar ao luxo de ser cuidada*, como o enunciado da mulher como sexo frágil evoca. Entretanto, esse enunciado da fragilidade feminina ainda circula na reafirmação da necessidade de se ter um homem em casa (Gina) ou nas prerrogativas que reivindicam pelo fato de serem sozinhas (Judite e Lucinda).

O enunciado *de que está na natureza da mulher cuidar* disponibiliza *posições de sujeito* que são ocupadas nesse discurso por mulheres e homens de várias gerações, mostrando sua continuidade. Ocupa um lugar nesse discurso o homem mais velho e o mais jovem, as catadoras jovens, as adultas, as mais velhas. Podemos ler, na enunciação da catadora jovem (Eliane), a naturalização do cuidado, quando conta que, aos dezoito anos, cuida dos três filhos do companheiro, porque "*desde os dez anos na casa da minha mãe eu tomava de mais,*

---

[43] Sobre a mudança de lugares dos homens pobres como provedores do lar, conferir Raquel Soihet (2000) e Cynthia Sarti (2007).

tomava conta de seis". Tal processo de naturalização também pode ser lido nas enunciações das mulheres mães que assumem *"qualquer tipo de trabalho porque é muito menino pra tratar"* (Cida) e continua permeando as enunciações da mulher avó:

> Cora: *Cê não acredita, eu já tirei seiscentos real... Eu tirava seiscentos real.*
>
> Pesquisadora: *Daqui?*
>
> Cora: *Daqui. Um dia eu tava deitada assim oh, os meninos chegou, magrinha igual uma lenha. Taquei leite, a menininha de cinco meses, fininha, taquei leite, taquei creme de milho, aqueles trem. Parou de dormir, recuperou, lindo e bonito.*
>
> Pesquisadora: *Eles tão morando com a senhora?*
>
> Cora: *Tá na casinha deles, e eu que tô tratando, moça.*
>
> Pesquisadora: *É, né?*
>
> Cora: *Almoço e janta. Tá com quatro anos.*[44]

Mulheres e homens na ordem do discurso do cuidado

O processo de naturalização do cuidado como próprio da mulher tem sido historicamente questionado pelo movimento feminista e problematizado pelas estudiosas de gênero (MEYER, 2000, 2003; LOURO, 1997; WALKERDINE, 1998, 2003). Tal processo de naturalização não cessa, porém, de reproduzir-se nas revistas femininas, nas propagandas de televisão, nas exortações religiosas, nas "descobertas científicas", na literatura, nas artes, no cinema, nas pesquisas de opinião, nas práticas escolares, na educação de meninas e meninos, etc. Mostra-se, assim, a força desse discurso que identificamos, pela análise na qual nos envolvemos, como pertencendo ao *campo discursivo* de uma cultura patriarcal, herança da qual ainda somos herdeiras e herdeiros, mesmo constatando na contemporaneidade a proliferação de outras discussões sobre as relações entre mulheres e homens e uma ocupação diferenciada das mulheres nos diversos espaços sociais.

---

[44] Fragmentos da entrevista feita com Cora, 67 anos. Ela se refere aos netos e à neta.

A *função enunciativa* reafirmada é a manutenção de arranjos sociais que continuam a se organizar em torno dos interesses masculinos. É esse discurso conservador que produz culturalmente o que é masculino e o que é feminino, e o que é *do masculino* e o que concerne *ao feminino*: modos de vestir, modos de se comportar, modos de dizer, modos de amar, modos de cuidar, modos de negociar, modos de ser pai e de ser mãe, modos de ser aluna e de ser aluno, modos de se portar no mundo doméstico e no mundo do trabalho, modos de *matematicar*, dentre tantos outros modos como somos constituídos/as, constituímos nossas práticas e nos constituímos como mulheres e homens.

Ao referir-nos à cultura patriarcal como *campo discursivo*, ao qual pertence o enunciado de *"que a mulher cuida melhor... mas precisa ser cuidada"*, não queremos explicar as relações de gênero que se estabelecem e são estabelecidas nas e pelas práticas de numeramento pelo viés de uma teoria que, segundo denuncia Joan Scott (1990, p. 9), considera que "as relações desiguais entre os sexos são no fim das contas a fonte das relações desiguais entre os sexos". Tal teoria evoca, assim, a distinção biológica como fonte da desigualdade, legitimadora das situações opressivas, não se explicando, nessa perspectiva, "como o gênero afeta [os] domínios da vida que não parecem ser a ele ligados" (p. 9).

Como as estudiosas pós-estruturalistas, procuramos mostrar de que maneira as relações desiguais entre homens e mulheres se constituem nas práticas de numeramento e constituem essas práticas e, também como essas relações, em arranjos linguísticos muito mais perversos, não só disponibilizam posições de sujeito que são ocupadas por mulheres e por homens, mas produzem verdades "deste mundo". Numa perspectiva foucaultiana, dizemos que esses arranjos produzem os sujeitos sobre os quais falam: mulheres como "cuidadoras", mas que precisam "ser cuidadas", por sua "natureza frágil", que não só as impediria de exercer outras funções sociais que não as vinculadas ao cuidado, como também as impediria de cuidar de si. Tais arranjos constituem-se, ainda, em resposta ao enunciado de que faz parte da natureza do "macho" estar sempre à espreita da "fêmea", que, por sua vez, é capaz de *atrair e trair*. Afirmando que cuidar e ser cuidada "é parte da natureza feminina", esse enunciado também estabelece que receber os cuidados de uma mulher e ser capaz de protegê-la "é parte da natureza masculina".

Podemos constatar esse enunciado perpassando inúmeras situações que tantas mulheres vivenciam em seu dia a dia. Afinal, sujeitadas a esse discurso, sujeitam-se a uma dupla jornada: trabalham *fora* (assim como os homens), mas cuidam da casa, das compras, do alimento, da organização do espaço doméstico, das filhas e dos filhos, frequentam as escolas comparecendo a reuniões de "pais"... E, muitas vezes, ainda são invadidas pela culpa[45]: por não terem feito tudo que "deveriam" fazer, não "cuidarem direito de tudo", como seria próprio de sua *natureza* cuidar.

Os trechos da matéria intitulada "Mulher chefia quase 30% dos lares do país", que apresentamos a seguir, sugerem como o enunciado do cuidado atravessa práticas de numeramento de muitas mulheres e muitos homens em nosso país, especialmente práticas das mulheres trabalhadoras que, mesmo constituindo mais de "40% da população economicamente ativa, no Brasil" (MEYER; KLEIN; ANDRADE, 2007, p. 225) e atuando em diversos espaços profissionais, ainda se envolvem muito mais do que os homens nas tarefas domésticas e nos cuidados com os/as filhos/as.

> De segunda a sábado, das 7h às 20h, ela ganha a vida fazendo unhas em um pequeno salão montado na garagem de casa, na zona leste de São Paulo. À noite, cuida do marido e dos afazeres domésticos. Ângela Maria Lima de Brito Oliveira, 48, está no crescente contingente de mulheres que chefiam o lar e são casadas: eram 20,7% das chefes de família em 2006, mais do que os 9,1% de 1996.
>
> [....]
>
> Segundo o IBGE, o chefe de domicílio é a pessoa responsável pela família ou assim considerada pelos demais integrantes. O principal critério é a auto declaração, baseado na renda. "Nunca parei para pensar nisso, mas, de fato, se sou eu quem ganha mais e paga a maior parte das contas, eu sou a chefe da família", diz Ângela, que ainda ajuda o filho que estuda no Rio.
>
> (*Folha de S.Paulo*, Cotidiano, 29 set. 07)

---

[45] Sobre a culpa e a falta femininas cf. Rosa Fischer (2001b).

A naturalização da maternidade e do cuidado como "destino natural de mulher" (MEYER, 2000) produz, assim, o ocultamento de relações de poder que sobrecarregam a mulher com a dupla jornada e implicam uma subordinação feminina nas relações afetivas e no espaço doméstico, ainda que ela se permita considerar-se o "chefe da família".

O fortalecimento do discurso do cuidado e a diferenciação das práticas de numeramento como femininas e masculinas

O enunciado de que *"mulher cuida melhor... mas precisa ser cuidada"* se fortalece e produz diferenciações e desigualdades de gênero nas práticas de numeramento ao associar-se a outros *campos discursivos* como os da biologia, da psicologia, da pedagogia, da matemática, do discurso feminista e da religião.

O cuidado como "próprio" da mulher é evocado no campo da biologia, quando as referências a características fisiológicas são citadas para justificar relações desiguais entre mulheres e homens. Desse modo, fundamenta-se "na ciência" o argumento de que, por sermos (como mulheres e homens) biologicamente distintos, as conformações das relações de gênero decorreriam dessa distinção, atribuindo-se a cada sexo uma função "que é complementar e na qual cada um deve desempenhar um papel determinado secularmente". A esse argumento "científico", atribui-se um caráter final, "irrecorrível" (LOURO, 1997, p. 20).

O respaldo da ciência permite a fabricação de "verdades" que pretendem produzir universalmente um tipo de mulher (dada ao cuidado, maternal) e um tipo de homem (mais ousado, atirado, dado ao controle). Podemos encontrar essa produção de verdades proliferando-se em explicações sobre diferenças no comportamento sexual, nas preferências por certas brincadeiras ou jogos, nos modos de ser adolescente e jovem, nos gostos estéticos, nos cuidados com o corpo, nas escolhas pessoais e profissionais, nas relações afetivas, nos desempenhos escolares, etc., como nos mostram os trabalhos de Louro (1997), Fischer (2001a; 2001b), Meyer (2003), Dal'Igna (2007). Tais explicações produzem culturalmente o que constitui o "ser mulher" e o "ser homem", como se fossem definidos por características inatas, associadas ao sexo:

> Evolução
> Mulher pode ter preferência inata pelo rosa
>
> Meninas são cor-de-rosa e meninos são azuis desde a maternidade, mas a escolha pelas cores parece ir além dos aspectos culturais. Pesquisa publicada hoje na revista "Current Biology" sugere que há uma base biológica por trás dessa preferência.
> Em um estudo com 208 pessoas entre 20 e 26 anos, cientistas descobriram que as mulheres de fato tendem a preferir rosa – ou pelo menos um matiz mais avermelhado do azul, que parece ser a cor favorita da espécie humana.
>
> (*Folha de S.Paulo*, Ciência, 21 ago. 07)

Na afirmação das "meninas rosas" e dos "meninos azuis" como parte da sua natureza, considera-se a "existência de um corpo *a priori*, quer dizer, um corpo que existiria *antes* ou *fora* da cultura" (Louro, 2007, p. 209, grifos da autora), em oposição à perspectiva assumida por diversos estudos, como os pós-estruturalistas,[46] segundo os quais "o corpo só se tornaria inteligível no âmbito da cultura e da linguagem" (p. 209).

O enunciado do cuidado como parte da natureza feminina também encontra *enunciados correlatos* no campo do discurso pedagógico. É fácil identificá-los no discurso sobre os *cuidados maternais* das professoras da Educação Infantil (Bujes, 2002), tanto quanto naqueles que se referem às alfabetizadoras de alunos e alunas da chamada terceira idade (Coura, 2007).

Relaciona-se ainda a *discursos pedagógicos* do ensino da matemática, como nos mostram os estudos feitos por Valerie Walkerdine

---

[46] Sobre as divergências nesse modo de compreender as relações corpo/cultura, no campo dos estudos feministas, cf. Rosa Fischer (1996), Judith Butler (1998), Dagmar Meyer (2003), Guacira Louro (2007).

(1988), em que se relatam, por exemplo, práticas matemáticas escolares que se utilizam de jogos relacionados aos cuidados com bonecas e com a casa para se ensinar matemática às meninas.

São também *enunciados correlatos* ao enunciado do cuidado os que subsidiam certas explicações sobre as diferenças de desempenho de meninas e meninos em matemática, argumentando que os diferentes papéis assumidos por elas e por eles, devido ao pendor natural das pessoas de cada sexo para esta ou aquela atividade, seriam responsáveis pelo maior sucesso dos homens em relação aos resultados obtidos por mulheres (SOUZA; FONSECA, 2008b; 2009). O cultural seria, nessas explicações, *pre*ssuposto a partir de uma base biológica.

Enunciados correlatos sobre as relações que mulheres e homens estabelecem com a matemática circulam na mídia, de muitos modos produzindo verdades sobre mulheres, homens e matemática. Esses enunciados são recorrentes em anedotas que se transmitem por *e-mail*, como nos mostram os dois materiais abaixo que, muitos/as de nós recebem e encaminham:

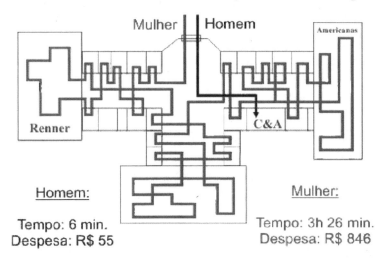

A "graça" dessas anedotas é a afirmação de uma tendência "natural" das mulheres a gastar dinheiro, a trazerem problemas, a serem "dispersivas, complicadas, pouco organizadas e pouco objetivas". A elas não caberia, pois, assumir, com sucesso, práticas identificadas com a matemática escolar, estruturada sobre uma racionalidade que valoriza precisão e objetividade. Caberiam a elas, portanto, como "natural", atividades relacionadas ao cuidado (que ensejam práticas permeadas pela variedade e pela "sensibilidade maternal"). Entretanto, considerando-se que a sociedade privilegia e exige que as decisões sejam pautadas numa racionalidade "masculina", as mulheres requereriam, por sua vez, certa orientação e controle "de outro" que as protegesse de sua própria fragilidade, decorrente de sua falta de objetividade.

Encontram-se igualmente nos estudos de comportamento enunciados *correlatos* que naturalizam a dupla jornada feminina, atribuindo-se à "natureza feminina" sua disposição em desdobrar-se para trabalhar fora e cuidar dos filhos e das filhas, porque *"apesar de tudo elas são otimistas: 99% dizem que a dupla missão mãe-trabalhadora vale a pena"*.[47]

---

[47] A matéria da jornalista Kátia Melo, publicada na revista *Época* de 15 de outubro de 2007, sob o título "24 horas é pouco", apresenta uma pesquisa da psicóloga e empresária Cecília

O enunciado do cuidado encontra-se, ainda, enredado em elementos do discurso religioso (CHASSOT, 2003) que enuncia "a mulher virtuosa e previdente" do mesmo modo que se correlaciona com campos discursivos da psicologia que enfatizam a importância da presença da mãe no desenvolvimento dos/as filhos/as. A chamada da reportagem do encarte do jornal *Folha de S.Paulo*[48] que divulgou um retrato da família brasileira explicita a distribuição de papéis que esses discursos configuram: "*Homem paga em cash; mulher, em jornada. As contas ficam com eles, e elas cuidam de todo o resto; a participação dos pais no cuidado com os filhos nunca supera 22%*". Assim, em uma trama complexa, tais discursos dizem a mulheres e homens como devem e podem constituir famílias, administrar o lar, portar-se no mundo do trabalho, triunfar no amor e alcançar glórias eternas.

Até mesmo no campo do discurso feminista, o enunciado do cuidado encontra *enunciados correlatos*, como se pode flagrar na matéria, publicada na *Folha de S.Paulo*, que, sob o título "Para Paglia, feminismo erra ao excluir dona-de-casa", apresenta uma entrevista com a escritora norte-americana Camille Paglia, segundo o jornal, considerada umas das principais teóricas do "feminismo":

> O movimento feminista do Ocidente está defasado em relação ao desejo da maior parte das mulheres do mundo. O movimento feminista tende a denegrir ou marginalizar a mulher que quer ficar em casa, amar seu marido e ter filhos, que valoriza dar à luz e criar um filho como missão central na vida [...]. Está mais do que na hora de o feminismo conseguir lidar com a centralidade da maternidade.
> (Camille Paglia, *Folha de S.Paulo*, Ciência, 21 out. 07)

Sobre a circulação desse enunciado, no campo do discurso feminista, é importante ressaltar, entretanto, que muitos estudos que se realizam

---

Russo Troiano, que envolveu 850 mulheres das classes A e B que trabalhavam fora de casa e conclui que as mulheres brasileiras, mesmo sobrecarregadas, "não abrem mão de nenhum dos papéis: de mãe, trabalhadora e esposa" (p. 98). Na revista, há também uma chamada para um *site que oferece dicas de como administrar essa dupla jornada*.

[48] Encarte de 7 de outubro de 2007 que publicou dados da pesquisa nacional do Datafolha, realizada em 2007.

"Mulher cuida melhor... mas precisa ser cuidada": sobre a produção de "práticas de numeramento femininas" e "práticas de numeramento masculinas"

nesse campo, embora argumentem que as diferenças e as desigualdades entre mulheres e homens são socialmente produzidas, operam com o conceito de gênero sob uma base biológica. Isso significa que nem sempre estamos falando da mesma coisa quando utilizamos esse conceito, uma vez que, muitas vezes, ainda se trabalha "com o pressuposto de que o social e o cultural agem sobre uma base biológica universal que os antecede" (MEYER, 2003, p. 15). Nesse sentido, Guacira Louro nos mostra os conflitos no interior do campo dos estudos feministas, no qual muitas estudiosas, embora tenham se afastado de um determinismo biológico "e se aproximado, em diferentes graus, da idéia de uma construção social dos sujeitos, mantiveram a perspectiva de que a construção social se faz *sobre* ou *a partir* de um corpo" (LOURO, 2007, p. 208, grifos da autora). Haveria, portanto, nessa perspectiva, "algumas 'constantes da natureza' que seriam responsáveis por certas 'constantes sociais'" (p. 208).

Para compreender a circulação desse enunciado no campo do discurso feminista, é preciso lembrar, pois, como nos adverte Foucault, que "os discursos são elementos ou blocos táticos no campo das correlações de força; podem existir discursos diferentes e mesmo contraditórios dentro de uma mesma estratégia; podem, ao contrário, circular sem mudar de forma entre estratégias opostas" (FOUCAULT, 1988, p. 97). Portanto, o discurso não é homogêneo, há neles uma heterogeneidade discursiva, e, dentro de um mesmo campo, podem existir discursos conflitantes entre si. O que Foucault continua a nos dizer é que é preciso interrogar esses discursos em sua "produtividade tática" (p. 97), procurando pelos efeitos de poder e de saber e em que conjuntura e jogo de correlações de força esses discursos se fazem necessários. Portanto, ao lermos essas batalhas discursivas dentro de um mesmo campo, poderíamos nos interrogar sobre os diferentes modos de se colocar a maternidade em discurso no campo dos estudos feministas, os efeitos desses discursos contraditórios e a que estratégia de conjunto se ligam, especialmente, pelo interesse da mídia ao expor essas contradições, expressas nessa matéria. Enfim, poderíamos nos interrogar: por que se busca desesperadamente, nos dias de hoje, reafirmar a centralidade da maternidade?[49]

---

[49] No livro *A vontade de saber* (1988), Foucault, ao tratar do dispositivo da sexualidade, afirma que, no processo de histerização da mulher, uma das maneiras de definição do sexo é aquela que o constitui, por si só, como "o corpo da mulher, ordenando-o inteiramente para as funções de

Na centralidade da maternidade perpetuam-se relações desiguais de gênero e matemática como podemos ler nos relatórios de divulgação dos resultados das pesquisas para constituição do Indicador Nacional de Alfabetismo Funcional que se concentraram em atividades que mobilizam conhecimentos em Matemática (INAF, 2002; 2004[50]) e que, nessas duas edições, entrevistou mais de três mil mulheres:

> As mulheres precisam se ocupar mais de tarefas no âmbito doméstico (planejar orçamento doméstico, estimar o consumo de alimentos, ajudar crianças em tarefas escolares, fazer comida, administrar um remédio, diluir um produto de limpeza) situações, entretanto, em que preferem fazer as contas necessárias por estimativa, aproximadas. Além disso, atividades "de preparação", como fazer lista de compras, verificar a data de vencimento de produtos, comparar preços antes de comprar, procurar ofertas em folhetos e ler bula de remédios, são executadas com maior freqüência por mulheres. Portanto, questões mais relacionadas à leitura de números (INAF, 2004, p. 13).

Disponibilizam-se desse modo para as mulheres um mesmo conjunto de práticas de numeramento, e, mesmo que as práticas se constituam de modo diferenciado para cada mulher, um mesmo discurso as perpassa: o da maternidade, por suas condições e prerrogativas, *como o verdadeiro universo da mulher*. É nos jogos de verdade produzidos por esse discurso que se encontra imbricada a equação maternidade + desempenho de tarefas domésticas + atividades matemáticas *de determinado tipo*.

Para as mulheres, portanto, não há, por essa produção discursiva, uma diferenciação "entre as tarefas físicas desempenhadas [...] no serviço doméstico e o trabalho da maternidade"[51] (WALKERDINE, 2003, p. 43).

---

reprodução e perturbando-o continuamente pelos efeitos dessas mesmas funções" (FOUCAULT, 1988, p. 143). A pergunta que fizemos sobre a permanência da centralidade da maternidade nos dias atuais foi inspirada nessa constatação de Foucault e acreditamos que essa é uma pergunta que devemos nos colocar na atualidade.

[50] As primeiras pesquisas do INAF que focalizaram habilidades matemáticas (2002 e 2004) foram compostas de um teste contendo 36 tarefas que contemplam atividades matemáticas de complexidade variada e nas quais atividades de leitura e escrita encontram-se envolvidas e de um questionário que contempla práticas matemáticas efetivamente vivenciadas pelos/as entrevistados/as e de questões sobre avaliação que as pessoas entrevistadas fazem de suas condições de realização de tais práticas. Cf. Fonseca (2004).

[51] *"between the physical tasks which make up women's housework and the work of mothering."*

"Mulher cuida melhor... mas precisa ser cuidada": sobre a produção de
"práticas de numeramento femininas" e "práticas de numeramento masculinas"

Os dois se confundem e se tornam a mesma coisa, fazendo parte de um mesmo conjunto de práticas, trazendo a "estilização de uma dissimetria atual" (Foucault, 2003, p. 136), posto que tal equação não se aplica aos homens, não lhes sendo atribuídas a mesma responsabilidade, a mesma expectativa e uma "mesma maneira de se conduzir"(p. 136): de organizar sua casa, de cuidar das vidas daqueles e daquelas que a habitam, de administrar seu tempo, suas contas, seus procedimentos, suas prioridades e seus sentimentos.

As atividades domésticas são, eventualmente, desempenhadas também pelos homens entrevistados pelo INAF, pelos catadores (*"ele me dá uma ajuda em casa"* – Simone), por nossos companheiros, nossos filhos, nossos alunos e nossos colegas de trabalho. Porém, não como uma responsabilidade primeira, pois, para os homens, a paternidade não se liga necessariamente ao cuidado e ao desempenho de atividades domésticas. Embora se envolvam, por vezes, com tarefas do âmbito doméstico, eles realizam outras tarefas ou realizam diferentemente as mesmas tarefas envolvendo outras necessidades, critérios e valores, como a pesquisa do INAF (2004) apontou:

> As atividades "de controle", como conferir o consumo de água, luz, telefone, conferir troco, notas e recibos, pagar contas em bancos, realizar depósitos ou saques em caixas eletrônicos, controlar saldos e extratos bancários, os homens declaram maior necessidade de fazer. Portanto, questões mais relacionadas a cálculos (Inaf, 2004, p. 13).

Ocupamos, assim, em uma trama histórica, como mulheres e homens, posições de sujeito *no discurso do cuidado*, configurando como pertencente mais às mulheres do que aos homens certas práticas de numeramento que trazem a marca da "maternidade e do cuidado" com os/as filhos/as, o companheiro e a organização do mundo doméstico em suas minúcias e detalhes. Os modos de constituição e valorização dessas práticas são modos assimétricos que delegam às mulheres a responsabilidade por essas tarefas, "indispensáveis, mas de menor relevância", apoiando-se no enunciado de que *"Mulher cuida melhor, mas precisa ser cuidada"*.

As práticas de numeramento assim constituídas naturalizam-se como masculinas ou como femininas, ao se afirmarem como práticas "próprias da mulher" ou "próprias do homem", porque efetivamente assumidas por mulheres ou por homens.

Nessas práticas, existem também relações de poder nas quais se procura preservar um mundo organizado sob a ótica masculina, produzindo saberes sobre mulheres e homens, e sobre elas e eles em suas relações matemáticas. Produz-se, assim, um tipo de matemática para as mulheres, ao considerar como naturais e pertencentes a elas as atividades que, em nossa sociedade, marcada pela racionalidade de matriz cartesiana, são consideradas como menos elaboradas ou menos precisas, como preparar a lista de compras ou utilizar um procedimento de limpeza, por exemplo.

> Essa *imprecisão* ou a menor necessidade de recurso a cálculos lhes conferiria [às atividades exercidas pelas mulheres] uma certa *inferioridade* em relação àquelas mais frequentemente exercidas pelos homens, como a conferência de contas para pagamento de produtos e serviços ou de saldos e extratos bancários. Nesse sentido, planejar atividades relacionadas a tarefas como o preparo de alimentos, ou o ato de cuidar do outro seriam menos sofisticadas, precisas, ou decisivas do que controlar gastos, conferir contas, saldos bancários, etc. (mais sofisticadas, mais elaboradas, mais precisas, mais objetivas[52] (SOUZA; FONSECA, 2008a, p. 20, grifos das autoras).

Para prosseguir na reflexão

Até aqui, procuramos mostrar dois enunciados que produzem desigualdades nas relações de gênero e matemática: a matemática como um campo de domínio masculino e o cuidado como pertencendo à *natureza* feminina. Identificamos no material que nos propusemos a analisar um outro enunciado que fortalece o discurso da superioridade masculina em matemática e que descrevemos a seguir: *o que é escrito vale mais.*

---

[52] *"This imprecision or the smaller need to use calculations would give women a certain inferiority feeling in relation to those needs more frequently used by men: checking invoices for paying products or services, or checking the balance and statements of bank accounts. In this sense, planning activities involved in tasks such as food preparation, or the act of taking care of the other would be less sophisticated, precise and decisive than controlling expenses, checking bills, bank account balance, etc, which are more sophisticated, elaborate, precise, objective."*

Capítulo V

"O que é escrito vale mais": sobre as relações de gênero e a produção da supremacia das práticas de numeramento escritas

Estudos no campo da Educação Matemática[53] têm discutido a tensão provocada pelo recurso a "uma matemática oral",[54] aproximada e que continuamente desafia e é desafiada por uma "matemática escrita", controlável, padronizada, exata.

Se olharmos essas tensões entre escrito e oral como tensões generificadas, elas se complexificam, pois envolvem, além da hegemonia da escrita, a pretensa supremacia masculina em matemática, produzida discursivamente, seja nas práticas matemáticas que utilizam a escrita, seja nas que mobilizam apenas os recursos da oralidade.

---

[53] As tensões entre oralidade e escrita nas práticas matemáticas têm sido objeto de investigações de pesquisadores/as que, assumindo uma abordagem etnomatemática, têm olhado de modo mais atento para as práticas orais, problematizando, assim, a supremacia de uma matemática escrita sobre matemáticas orais. No âmbito escolar, a hegemonia das práticas matemáticas escritas promove o silenciamento de grupos culturais que se dedicam, preferencialmente ou exclusivamente, a práticas orais (CARRAHER *et al.*, 1988; KNIJNIK, 1996; MENDES, 2001; FERREIRA, 2002; MENDONÇA, 2014). No campo da Educação Matemática de Pessoas Jovens e Adultas, as relações entre os modos de se fazer matemática, que trazem a marca da oralidade, relacionadas às vivências dessas pessoas, diferindo das práticas matemáticas escolares é, também, uma questão recorrente (KNIJNIK,1996, 2006b; KNIJINIK; WANDERER, 2006; FONSECA, 2001; 2002; 2004; 2005; FONSECA; CARDOSO, 2005; LIMA, 2012; FONSECA, 2017; SIMÕES, 2010; 2019; GROSSI, 2021).

[54] Utilizamos a denominação "matemática oral", inspiradas em Gelsa Knijnik (2004; 2007). Alinhamo-nos à perspectiva teórica da autora, procurando "examinar as práticas da Matemática oral sob a ótica dos processos sociais nos quais elas ganham seu significado, isto é, compreendê-las como constituídas por e constituintes do social e do cultural" (KNIJNIK, 2007, p. 35).

São essas tensões que apresentamos neste capítulo, ao discutirmos o enunciado "*o que é escrito vale mais*".

A captura do enunciado

As questões relativas às contas da Associação – o dinheiro a ser recebido a cada quinzena, o pagamento feito por quinzena, o cálculo das horas trabalhadas por associado(a), as despesas de manutenção e a receita proveniente da venda de produtos – sempre geraram desentendimentos e desconfianças, às vezes veladas, de grande parte das mulheres, que, entretanto, resignavam-se, e mesmo tendiam a afastar-se das rodas em que eram discutidas: "*Brigar para quê? Não adianta*". Porém, no dia do pagamento, e nos dias que a ele se sucediam, essas questões adentravam a sala de aula, o espaço do escritório e alguns espaços de trabalho, mas não todos. Por exemplo, não adentravam aqueles onde havia uma maior presença masculina.

Escolhemos para mostrar a circulação do enunciado "*o que é escrito vale mais*" um pequeno trecho da interação ocorrida durante uma oficina da qual participaram cinquenta e duas mulheres e oito homens e na qual seria discutido com as catadoras e os catadores o relatório quinzenal das receitas e despesas.

> Professora de Contabilidade (enquanto explica a tabela de receitas e despesas): *Se ler, vocês vão saber o que vende, o que paga.*
>
> Mulheres: *Se melhorar...* [várias vozes]
>
> Catadora: *Pra falar a verdade...* [voz não identificada]
>
> Professora de Contabilidade: *Então cês tão vendo ali no quadro... nós vamos informar no relatório, tem um detalhe...* [várias vozes cortaram a fala da professora]

Em várias enunciações dessa situação discursiva em que se configurou essa oficina, podemos identificar o enunciado "*O que é escrito vale mais*" referindo-se às vantagens do registro escrito que conferiria maior legitimidade, possibilitaria a verificação, disponibilizaria mecanismos de controle, e garantiria uma melhor compreensão dos valores e dos cálculos envolvidos por parte daqueles e daquelas que dominam a tecnologia "de ler a matemática". Em particular, nas enunciações da professora, é recorrente a afirmação de que é na leitura do relatório *"que vocês vão entender as contas"* da Associação.

No espaço escolar, esse enunciado pode ser capturado em diversas situações e materiais: na forma de organização das aulas pelas professoras, nos materiais que elas prepararam para as alunas e os alunos, nos modos como propuseram atividades matemáticas, na valorização dos modos escritos de se fazer matemática e na forma como elas excluíam os alunos e as alunas não alfabetizados/as das atividades de matemática (em prol de uma maior dedicação às atividades de aquisição da leitura), ou quando organizavam para elas e eles apenas atividades de escrita de números, atividades que consideravam preparatórias para que *depois* aprendessem as contas da escola. Desconsidera-se, assim, que essas mulheres e esses homens utilizam, em suas vidas, modos sofisticados de *matematicar* pautados pela oralidade, como nos mostra Judite, uma das alunas não alfabetizadas, nesse fragmento de entrevista:

> Judite: *[...] eu sempre faço as contas de cabeça, e até quando vejo que não tá dando certo, eu já falo com ela quanto que deu.*
>
> Pesquisadora: *Quanto que deu?*
>
> Judite: *Eu falei com ela, porque eu vendi uma roupa pra ela na sexta-feira. Eu fui lá levar, e falei com ela: "Agora, a senhora divide pra pagar em três vezes, porque ganha pouco". Aí ela: "Mas eu não sei dividir". Eu falei assim: "Olha, você faz assim: você ajunta os maior e depois ajunta os pequenos". E dava. Aí ela tá fazendo: "Ah, mas vai dar é setenta e seis tudo. Mas, agora, pra dividir, eu não sei dividir sem ser na máquina do...". ...como é que é?*
>
> Pesquisadora: *Calculadora?*
>
> Judite: *É, eu falei assim ó: "vai pagar em três vezes, é setenta e oito; você paga cinco, dos dez. Eu começo dos grandes, dividir, vezes. Dá sessenta. Divide setenta, dá vinte reais, em três vezes. Agora você faz assim: vai os pequenos, dá nove reais: três vezes três reais. Você tira aquele um real que sobrou, coloca em cima dos oito. Aí vai dar vinte e seis reais. Dá vinte e seis reais de três vezes!". Aí a mulher falou assim: "Uai, é mesmo".*
>
> Pesquisadora: *[...] você tá boa de conta mesmo, não é?*

Judite: *E eu vou dos maior assim, divido os maior, aí depois vou dividindo os menor.*

Pesquisadora: *Hum, hum...*

Judite: *Mas aí, a de caneta é mais difícil.*

A despeito do sucesso que logra ao efetuar cálculos "sem caneta" e "sem máquina", a desconsideração do cálculo sem registro escrito parece permear também o discurso de Judite, que reafirma a maior complexidade (e, assim, o maior valor) do cálculo escrito ("*de caneta é mais difícil*").

O enunciado "*O que é escrito vale mais*", associado à maior complexidade da matemática escrita, é repetido por Antônio, catador não alfabetizado, ao dizer, numa entrevista, que "*o número eu conheço, eu não sei é o escrever dele*". É repetido pelas catadoras ao se confrontarem com os modos escritos de se fazer matemática propostos nas oficinas e em situações de sala de aula, que lhes parecem tão diferente das práticas de numeramento que vivenciam em situações não escolares: "*Desse jeito de agora não sei*" (Jane), "*escrito eu não sei*" (Gina), "*pra que vou escrever conta sem saber?*" (Cora), "*essas conta de hoje eu não sei*" (Adélia).

Se esse enunciado permeia a fala das catadoras e dos catadores, circula, porém, e de modo talvez bem mais incisivo e recorrente, nas falas das professoras e das pessoas que apoiam a Associação. Essas pessoas acostumadas a delegar ao registro escrito a função de mecanismo de controle, valorizam a "segurança" e a "confiabilidade" oferecidas pela utilização de um registro duradouro e padronizado, ao invés do uso da memória, do cálculo e da argumentação baseados apenas em recursos da oralidade. O exercício desse mecanismo é o que será destacado na discussão sobre o caderno de ponto e o registro de horas trabalhadas e horas extras das catadoras e dos catadores, que ocorre naquela oficina de análise do relatório.

Sobre o controle do ponto:

Sandra [Representante do Grupo de Apoio e que atua no escritório]: *Quem não trabalhar vai cortar hora, vai cortar* [na anotação do caderno].

Laura: *Tem que fazer é isso mesmo, hein.*

[barulho – muitas vozes]

Laura: *Vamos ver se ela vai ter coragem. A partir de amanhã eu tô olhando, hein!*

[barulho – muitas vozes]

Laura: *Eu quero ver... eu quero ver...*

Sobre o controle do trabalho:

Após a eleição da nova coordenadora pelas mulheres e dos aplausos e manifestações de apoio, um catador procura a pesquisadora e diz: "*Ô Celeste, cê podia ajudar a nova coordenadora a fazer um caderninho pra anotar o trabalho de cada um. Põe assim o nome, hora que a pessoa trabalhou, o tanto...*" (Guto).

Sobre o controle das horas extras:

[barulho – muitas vozes]

Professora de Contabilidade: *Tudo que a gente tá falando aqui tá registrado em ata. Veja bem: Acabou a hora extra, o caderninho*[55]*... Ou seja, trabalhem.*

A evocação da supremacia do escrito como mecanismo de controle eficiente permeia a enunciação de Sandra que, para preservar a coerência entre o que está registrado no caderno de ponto e as horas efetivamente trabalhadas pelos associados e as associadas, insiste no corte do registro das horas daqueles que não se portaram (não trabalharam) conforme estava anotado. Permeia, também, a ameaça de Laura de que vai vigiar para conferir a assinatura do ponto e as horas trabalhadas, e a advertência da professora de Contabilidade de que as decisões da assembleia teriam de ser cumpridas uma vez que sobre elas não pairariam dúvidas, já que estariam "registradas em ata". É também a confiança no aporte que o registro escrito confere aos mecanismos de controle que move Guto a solicitar a confecção de um caderno que

---

[55] Havia uma prática na Associação de fazer horas extras durante o horário de almoço ou aos sábados, especialmente quando havia acúmulo de material. Segundo a professora de Contabilidade, essa prática não era correta, pois as catadoras e os catadores eram os seus próprios patrões e, segundo ela, "*o patrão não pode receber pelas horas extras*". Essas horas eram registradas por elas e eles em um caderninho e apresentadas no dia do pagamento.

auxiliaria a nova coordenadora a registrar as horas trabalhadas e legitimar o controle que seria exercido pelo caderno de ponto. Nessa solicitação, Guto assume também uma posição de sujeito no discurso "da racionalidade masculina", ao se propor organizar o trabalho feminino, afinal *"homem é melhor em matemática do que mulher"* (*"põe assim..."*) e *"mulher cuida melhor, mas precisa ser cuidada"* (*"Cê podia ajudar..."*).

O enunciado *"o que é escrito vale mais"* disponibiliza, para que seja assumida pela catadora, ou por quem estiver com o caderno, uma posição de controle sobre as ações do outro; essa posição será assumida por aquelas e aqueles "autorizados/as" por esse discurso a exercer esse controle, legitimado pelo uso que fazem da leitura e da escrita, nesse caso, em especial, pelo domínio de um modo escrito de organizar a informação quantitativa, pelo domínio de uma matemática escrita.

Vemos, assim, produzir-se por esse discurso diferentes tipos de sujeito, delineados por sua maior ou menor capacidade de compreender relações matemáticas, porque domina ou não registros matemáticos escritos.

Será, pois, porque *"o escrito vale mais"* se justificará a insistência da escola em exigir o registro escrito, mesmo quando a solução dos problemas prescinde do apoio gráfico ou quando as práticas sociais extraescolares, para as quais as atividades didáticas teoricamente estariam preparando os(as) estudantes, são exercidas por meio de outras mídias que dispensam o uso da escrita.

O enunciado *"o escrito vale mais"* contribuirá, dessa forma, para estigmatizar aqueles e aquelas que não se apropriaram de práticas de numeramento escritas. Podemos encontrá-lo permeando, por exemplo, as campanhas que conclamam pessoas jovens e adultas a se alfabetizarem, apresentando depoimentos de adultos recém-alfabetizados que ressaltam o impacto da aquisição dessa tecnologia em sua vida cotidiana, especialmente em situações em que lidam com quantias e operações: *"Quando ia ao supermercado nunca tinha certeza do que estava levando e nem de quanto estava pagando. Agora eu sei o quanto o conhecimento é valioso".*[56]

---

[56] Depoimento de aluna do Programa Brasil Alfabetizado divulgado no sítio eletrônico do Programa. Cf: <http://www.mec.gov.br/acs/asp/noticias/noticiasId.asp?Id=7047-9k>.

Nas peças publicitárias em prol da universalização da alfabetização, bem como em muitos dos discursos do campo pedagógico, sociológico ou político que focalizam o tema do analfabetismo, a privação do domínio da tecnologia da leitura e da escrita se apresenta "como um elemento cerceador da liberdade e sobrevivência" (KLEIMAN, 1995, p. 37). Essa *essencialidade* do domínio da escrita – e dos modos escritos de *matematicar* – é, entretanto, questionada pela atitude das catadoras diante das recorrentes explicações da professora de Contabilidade, que, julgando que elas não entendiam as tabelas de receita e despesa transcritas na lousa, insistia em repetir os mesmos esclarecimentos:

> Professora de Contabilidade: *Agora nós vamos apresentar o relatório todo mês [...]. Cês têm que pensar o seguinte: a despesa que a Associação tem não é só o que vocês recebem, não. Seria muito bom se pegasse o dinheiro e repartisse com todo mundo. Cês tem que pensar...*
>
> Paula: *Mas é tirado.*
>
> Professora de Contabilidade: *Mas tem despesa.*
>
> Paula: *Mas nós sabe que é tirado.*
>
> (Professora de Contabilidade continua falando)
>
> Pedro (um jovem catador) para Paula (uma catadora idosa): *Toda quinzena é tirado mesmo, minha filha.*
>
> Paula: *Nós sabe que é tirado, o que sobra é o que vai ser repartido com nós.*
>
> Professora de Contabilidade: *Cês tem não é só o que cês recebem, não. Tem pagamento pra fazer. Não adianta repartir o dinheiro e deixar a conta de telefone sem pagar.*
>
> Paula: *Nós sabe que é tirado.*

A reafirmação de Paula da compreensão que tem da relação receita-despesa, a despeito de não dominar a tecnologia da leitura do registro de números isolados ou numa tabela, questiona o enunciado de que "*o que é escrito vale mais*". Ao questioná-lo, porém, também reforça a necessidade de sua circulação em territórios como o das práticas escolares ou o das práticas de controle coletivo. Nesses campos, o questionamento da *supremacia do escrito* fragiliza as práticas hegemônicas, o que acirra as tensões e as disputas de legitimidade e valoração entre as práticas orais e as práticas escritas.

Mulheres e homens na ordem do discurso da superioridade da escrita

Identificamos o enunciado *"O que é escrito vale mais"* pertencendo *ao campo do discurso pedagógico escolar*. A escola é, por excelência, o lugar do escrito: a instituição tomada como agência prioritária de promoção da apropriação da cultura escrita, lugar da valorização e do aprendizado de seus aspectos formais, e de ampliação do domínio e do culto à sofisticação da tecnologia de ler e escrever. Na escola, o escrito é a referência que demarca níveis, competências e habilidades, confere legitimidade, autoriza práticas e autoriza as pessoas a se envolverem em determinadas práticas.

O modo como a escola, nas sociedades contemporâneas, foi se configurando como "a instância responsável por promover o letramento" (SOARES, 2001, p. 83) é objeto de estudos de pesquisadoras e pesquisadores (HÉBRARD, 1990; GRAFF, 1990; 1994; VIÑAO FRAGO, 1993), que buscam compreender como, historicamente, a instituição escolar foi-se tornando um espaço privilegiado de circulação de práticas de leitura e escrita hegemônicas. Harvey Graff aponta que, nesse processo, outros grupos e instituições, como a instituição religiosa e familiar, anteriormente responsáveis por essas práticas, vão sendo substituídos pela escola à medida que "de forma mais proeminente líderes sociais e econômicos e reformadores sociais compreenderam os usos da escolarização e o veículo do alfabetismo para a promoção de valores, atitudes e hábitos da integração e da coesão" (GRAFF, 1990, p. 56).

Ao longo da história, a trilogia "ler-escrever-contar" (HÉBRARD, 1990) constituiu-se nas práticas educativas de comunidades religiosas, familiares e na formação de pessoas para o desempenho de certas atividades profissionais (artesãos e mercadores). Posteriormente torna-se a trilogia, por excelência, das práticas escolares, *des*vestida das intenções pragmáticas que grupos familiares, religiosos ou profissionais atribuíam à leitura, à escrita e aos cálculos.

"O que é escrito vale mais": sobre as relações de gênero
e a produção da supremacia das práticas de numeramento escritas

Com o fortalecimento da instituição escolar, as práticas orais (como *matematicar* sem escrever) vão se tornando marginais. As distinções entre oralidade e escrita serão contempladas em estudos que vão alimentar o que se convencionou chamar, no campo dos estudos do letramento, a "teoria da grande divisa" (RIBEIRO, 1999, p. 20), segundo a qual a aquisição da escrita traria consequências econômicas para o desenvolvimento e o progresso das sociedades e consequências para os modos de funcionamento cognitivo dos indivíduos. Essa teoria valoriza sobremaneira o uso da escrita em detrimento do recurso à oralidade, atribuindo-se "poderes e qualidades intrínsecas à escrita, e por extensão, aos povos ou grupos que a possuem" (KLEIMAN, 1995, p. 22).[57] Nessa perspectiva, as pessoas não alfabetizadas passam a ser consideradas "sob a suposição de inferioridade, aquilo que essas pessoas não são capazes de fazer, ou as modalidades de raciocínio que teriam em oposição aos alfabetizados" (TFOUNI, 1997, p. 67).

Na sala de aula de matemática, também se arquitetará a interdição das práticas matemáticas orais pela sobrevalorização da matemática escrita como consequência do processo de descolamento do tratamento conferido às práticas escolares em relação aos usos cotidianos das ferramentas matemáticas. A vinculação do fazer matemático aos preceitos e critérios da cultura escrita institui, no que se considera a "boa matemática" e na sala de aula, o culto à abstração, ao seguimento de etapas sucessivas, aos encadeamentos algorítmicos, aos tipos de registro escrito padronizados. Esse culto se produz na, e produz a, valorização que a sociedade confere à padronização da notação matemática, de suas normas e procedimentos, tornados hegemônicos. Nesse sentido, valorizam-se os modos escritos de fazer matemática que capturam, expressam e exploram essa padronização e, em contrapartida, quando muito, toleram-se, mas sempre se consideram menores, as práticas matemáticas orais. Seu uso é visto como *desviante*, ou como um tipo de raciocínio primitivo, que necessita

---

[57] Estudiosas/os como Angela Kleiman (1995), Leda Tfouni (1997), Vera Masagão Ribeiro (1999), Antônio Batista (2000) e Magda Soares (2001) questionam essa abordagem, que Brian Street (1984) identifica como alinhada ao modelo de Letramento Autônomo. No campo da Educação Matemática, a hegemonia de uma matemática escrita sobre uma matemática oral tem sido insistentemente problematizada, como nos mostra Gelsa Knijnik (2007).

ser superado pela abstração e pela generalidade que a escrita confere à matemática.

Nas tensões entre uma matemática oral, esquecida na escola, e uma matemática escrita, hegemônica, sobrevivem práticas de numeramento orais que mobilizam para cada situação uma estratégia específica, e que, por isso, diferem das práticas de numeramento escolares/escritas que valorizam a generalidade, a padronização e o controle. Em contextos não escolares, mulheres e homens, especialmente aquelas e aqueles cuja socialização não foi forjada pela escolarização, apresentam estratégias localizadas de cálculo oral, muitas vezes bastante sofisticadas, que desdenham dos valores *das certezas cartesianas*, discursivamente produzidas pela matemática escolar escrita, em sua pretensão de marcar como corretos apenas determinados modos de pensar que se configuram em certas estratégias de cálculo. Por caminhos diversos, longe dos traçados e aspirações das certezas cartesianas, essas pessoas mostram, em suas práticas orais, as *sinuosidades* desses modos de pensar, trazendo para essas práticas uma vida que parece não existir nos modos assépticos pelos quais as contas são, em sua maioria, realizadas no espaço escolar. Essa "assepsia" é assumida como sinônimo de raciocínio "puro", e sua valoração ultrapassa o espaço escolar, permeando discursos em diversos campos: da economia, da estatística, da medicina, do direito, da mídia, etc.

Contudo, também nas práticas orais, convivem os enunciados da supremacia da escrita sobre o oral e da competência masculina para a matemática sobre a feminina. No material empírico que reunimos acompanhando atividades escolares e não escolares de catadoras e catadores de materiais recicláveis, multiplicam-se referências feitas pelas mulheres à capacidade masculina para as contas de cabeça: *"Eles faz certinho"* (Graça); *"De cabeça só tem dois de nós que faz"* (Graça); *"Ele é bom de conta"* (Jade); *"Não tem leitura e é bom de conta"* (Milva); *"Meu pai fazia tudo de cabeça, ô inteligência"* (Cora). Podemos ler a valorização do modo masculino de fazer contas – "certinho" – nas solicitações que elas fazem para que eles deem as respostas das contas durante as oficinas, nas respostas que [eles] ofereciam às contas feitas na escola e nas oficinas, e nos modos de calcular apresentados por eles, sempre primando pela exatidão.

Ainda que não se mobilizassem registros escritos nas situações a que se referem aquelas enunciações, busca-se, no acionamento do cálculo mental, a exatidão. Esse tipo de cálculo, quando logra produzir um resultado preciso e correto, reativa, como *um valor*, a capacidade de resolver corretamente a conta "de cabeça", encontrando-se, desse modo, ligado a valorações que se relacionam à inteligência, capacidade mental, habilidade de raciocínio, capacidade lógica e capacidade de abstração – valorações essas que permeiam, também, a opção por uma *matemática escrita*. Nesse sentido, esse tipo de "cálculo mental", realizado pelos homens (ou reportado e valorizado quando realizado pelos homens) aproxima-se mais (porque se pauta nos mesmos valores) das práticas escritas do que das práticas de numeramento orais.[58] O que estamos aqui identificando como práticas de numeramento orais se distingue das práticas escritas não só porque dispensam o registro (e o uso) de diagramas ou algoritmos padronizados, mas também porque são parametrizados por outros valores e intenções (como o pragmatismo na opção pela produção ágil de uma resposta aproximada em detrimento da busca meticulosa da precisão).

A valoração desse tipo de cálculo "mental", que prescinde de um registro escrito, mas busca respostas exatas e não aproximações ou estimativas, por sua vez, faz circular *a supremacia matemática masculina para as contas*, posta como *uma verdade*, não apenas nas enunciações que colhemos, mas, igualmente, em "conclusões" de outros estudos como os apresentados pelo INAF de que "os homens se dispõem mais a exercitar cálculo mental do que as mulheres, que, por sua vez, *confessam* mais frequentemente solicitar a ajuda de outras pessoas para fazer contas"(INAF, 2004, p. 13, grifos nossos).

O regime de verdade que assim se estabelece promove, no espaço escolar, e de uma maneira geral na sociedade, o silenciamento de pessoas não alfabetizadas ou com pouca escolaridade, sendo as mulheres duplamente silenciadas: pela *supremacia masculina em matemática* e pela *supremacia da matemática escrita*. Há uma deslegitimação e desautorização das práticas de numeramento femininas e tentativas

---

[58] As práticas "orais de lidar com a matemática" (KNIJNIK, 2004, p. 222) de pessoas ou grupos não alfabetizados que se utilizam de outras estratégias de cálculo que se diferenciam das estratégias escritas (aproximados ou por estimativa) diferem, dessa maneira, do que "muitas vezes tem sido chamado cálculo mental" (p. 222).

constantes de normalização de tais práticas, que se acirram no espaço escolar, trazendo efeitos maiores para as mulheres do que para os homens, por esse duplo silenciamento que as sujeita e ao qual elas, também, se sujeitam.

Em uma sociedade grafocêntrica, a escrita propicia que se potencializem os valores da racionalidade cartesiana: exatidão, certeza, perfeição, rigor, previsibilidade, universalidade, generalidade, objetividade e linearidade. Com efeito, é na força da cultura escrita que a razão de matriz cartesiana argumenta e se veicula, de modo a permear as diversas práticas sociais das sociedades grafocêntricas, inclusive, e particularmente, as práticas de numeramento mais valorizadas nessa sociedade e que são objeto de ensino escolar. São as condições criadas pelo domínio da escrita que implementam e legitimam o *modo escrito de pensar*, o modo escrito de fazer as contas, resolver problemas, comunicar soluções. É esse modo escrito que demanda, fortalece e autoriza a repetição, o treino, o direcionamento das atividades, a preocupação com a adoção de certos modos de organização de registros no papel, considerando-os fundamentais para que se possa, enfim, pensar matematicamente.

Como efeito do enunciado "*O que é escrito vale mais, e, portanto, que "a matemática escrita vale mais*", produz-se naqueles e, especialmente, naquelas que não a dominam a "falta", "*a busca de alguma coisa que não está lá*". Se a mulher é colocada duplamente em falta pela supremacia matemática masculina e pela supremacia da matemática escrita, por sua vez, o homem é duplamente produzido como aquele *a quem nada falta*, que detém os tipos de raciocínio que a sociedade valoriza formatado pelo controle, pela clareza, pela objetividade e pela abstração. Produzem-se, assim, mais uma vez, nas práticas de numeramento, diferenciações nas relações de gênero e matemática.

O fortalecimento da supremacia da escrita e as relações de gênero

Falta e inferioridade marcam a associação do enunciado "*o que é escrito vale mais*" a discursos de *outros campos*, como alguns produzidos no campo da psicologia, da antropologia, da linguagem, da matemática, da história, da psicopedagogia, da pedagogia. Esses discursos medem, classificam, verificam, avaliam, atribuem valores, emitem juízos e situam pessoas e grupos em relação à cultura escrita hegemônica, que molda as maneiras de utilizar a linguagem e de operar matematicamente. O discurso hegemônico da supremacia da escrita silencia "mulheres, classes populares, minorias, grupos perseguidos" (Viñao Frago, 1993, p. 114), estabelecendo o "lugar de cada um/a e a importância e valorização do que [...] diz, escreve, pensa" (p. 108).

O enunciado "O que é escrito vale mais" encontra, assim, *enunciados correlatos* nos campos discursivos da racionalidade política e econômica, como aponta Harvey Graff, que denomina "mito do alfabetismo" às conjecturas sobre os efeitos da leitura e da escrita sobre as pessoas, "que têm estado inextricável e inseparavelmente ligados às teorias sociais e pós-iluministas, 'liberais' e às expectativas contemporâneas com respeito ao papel do alfabetismo e da escolarização no desenvolvimento socioeconômico, na ordem social e no progresso individual" (Graff, 1990, p. 31).

No bojo dessa correlação, tem-se proliferado, nas últimas décadas, a realização sistemática de avaliações com o propósito de medir habilidades e competências ligadas ao mundo da escrita de crianças, adolescentes, pessoas jovens e adultas. As iniciativas de se fazerem tais avaliações justificam-se pela preocupação com a democratização do acesso à escolarização e com a apropriação de determinadas práticas de leitura e de escrita, incluindo práticas relacionadas à matemática, por diversas populações. A medição de competências e habilidades de leitura, escrita e matemática e, muitas vezes, os modos como se divulgam seus resultados, porém, fazem circular "verdades" sobre as pessoas e sobre os grupos, produzindo discursivamente tipos específicos de sujeitos (Souza, Fonseca, 2008b).

Podemos ler, nos dois excertos de uma mesma matéria publicada no jornal *Folha de S.Paulo*, que apresentamos a seguir, essa produção de "verdades" sobre gênero e matemática, atravessadas pelo enunciado da supremacia do escrito:

Matemática é último reduto masculino[59]

Não há área de ensino no Brasil em que as meninas não estejam dominando – ou muito próximas disso. Elas são maioria no ensino superior, têm taxas de evasão e reprovação menores no ensino médio e se saem melhor do que os meninos em quase todos os testes que avaliam aprendizado no ensino fundamental. Mas um setor resiste a essa supremacia: o aprendizado de matemática. Esse quadro não é exclusivo do Brasil. Dos 42 países avaliados no Pisa (exame da Organização para a Cooperação e o Desenvolvimento Econômico que analisa o desempenho de alunos), os meninos foram melhores em matemática em 33. Em alguns casos, a diferença não é estatisticamente significativa, mas, em 12 deles, não há dúvidas de que as meninas estão aprendendo menos. Já nos oito casos em que a diferença é a favor das meninas, em um deles, a Albânia, ela é significativa. O Brasil aparece com destaque na tabela comparativa em matemática porque aqui a diferença a favor dos meninos é a maior entre todos os países analisados, ao lado de Áustria e Coréia do Sul. Esse melhor desempenho masculino, no entanto, não se repete em todas as áreas. Pelo contrário, em testes de leitura, a situação se inverte e a supremacia feminina é incontestável em todos os países.

Falta de estímulo leva menina a pior resultado, diz neurocientista[60]

Com base na experiência das Olimpíadas Brasileiras de Matemática, a vice-presidente da Sociedade Brasileira de Matemática, Suely Druck, acha que a diferença entre o desempenho de meninos e o das meninas "é quantitativa, não qualitativa". Ela diz que o resultado das Olimpíadas – realizadas com 10,5 milhões de alunos – também detecta rendimento médio melhor dos meninos, mas que, ao premiar os melhores, há casos tanto de alunos como de alunas excepcionais. Ela suspeita que o pior

---

[59] Texto do jornalista Antônio Góis, publicado em 25. set. 2006. Disponível em: <http://www.folha.com.br>. Acesso em: 22 set. 2007.

[60] Texto publicado em 25/09/2006. Disponível em: <http://www.folha.com.br>. Acesso em: 22 set. 2007.

desempenho médio das meninas tenha a ver com a educação escolar. Druck evita entrar na discussão sobre se fatores biológicos influenciam o resultado, mas dá pista de sua opinião: "Nos EUA, quando inventaram uma boneca Barbie que falava, uma das primeiras frases que ela dizia era "eu odeio matemática". Isso é muito emblemático". Neurocientistas também reforçam a tese de que é o fator cultural que mais interfere no desempenho. "Há 20 anos, pesquisas de desenvolvimento infantil mostram que as meninas têm facilidade com linguagem, e os meninos, com atividades motoras. Mas devemos olhar cada aluno particularmente e reconhecer seus potenciais", diz o neurocientista e médico da Escola Paulista de Medicina Cláudio Guimarães dos Santos.

Foucault, ao traçar uma genealogia do "indivíduo moderno" (FOUCAULT, 1987; DREYFUS, RABINOW, 1995), argumenta que esse homem se torna objeto de um investimento político pela produção do poder e "também ao mesmo tempo como objeto de saber" (MACHADO, 1979, p. XX). Esse poder, que se propõe a gerir a vida, individualiza o sujeito e, para melhor exercer seu controle, produz, em "esmiuçamentos (FOUCAULT, 1987)" da vida, "todo um corpo de processos e de saber, de descrições, de receitas e de dados" (p. 121).

Esse poder, que Foucault vai chamar "disciplinar" e posteriormente denominará "biopoder",[61] fabrica os indivíduos, tomando-os como "objetos e instrumentos de seu exercício" (FOUCAULT, 1987, p. 143), produz um saber sobre eles, hierarquiza-os, medindo suas qualidades ou os seus méritos, e seus desvios, e "relaciona os atos, os desempenhos, os comportamentos singulares a um conjunto, que é, ao mesmo tempo, campo de comparação, espaço de diferenciação e princípio de uma regra a seguir" (p. 152).

---

[61] Foucault mostra, no livro *História da sexualidade I: a vontade de saber (1988)*, que essas duas formas de poder encontram-se interligadas. Se o poder disciplinar, que se desenvolveu a partir do século XVII, centra-se no corpo "como máquina: no seu adestramento, na ampliação de suas aptidões, na extorsão de suas forças, no crescimento paralelo de sua utilidade e docilidade, na sua integração em sistemas de controle eficazes e econômicos" (FOUCAULT, 1988, p. 131), o biopoder forma-se a partir do séc. XVIII, e "centra-se no corpo espécie, no corpo transpassado pela mecânica do ser vivo" (p. 131). Assim, o corpo tomado como suporte de processos biológicos (nascimento, mortalidade, nível de saúde, etc.) passa a ser objeto "de intervenções *e controles reguladores: uma biopolítica da população*" (p. 131, grifos do autor).

Nos textos do jornal que apresentamos anteriormente fica fácil identificar a circulação do enunciado de que *os homens são melhores em matemática do que as mulheres*". A discussão central do primeiro texto gira em torno das dificuldades das mulheres em matemática, destacada no título como o último *reduto masculino*. É sob a suposição dessa mesma falta que o segundo texto convoca uma professora de matemática e um neurocientista a explicarem a diferença de resultados, reativando discursos de diversos campos (da matemática que prima pela racionalidade de matriz cartesiana, da cultura patriarcal, da psicologia, da biologia[62]). Sob tal suposição, circulam enunciados sobre a fragilidade feminina, sobre as mulheres menos dotadas para atividades motoras, e são evocados os direitos da mulher ao enfatizar-se que as alunas merecem, como todos "os alunos", ter seu potencial reconhecido. Assim, a explicação que prevalece é o do "potencial individual", que ganha *status* de verdade ao ser pronunciado por um cientista. E a diferença deixa assim de ser *diferença* e passa a denotar *deficiências*.

Mas, todas essas considerações produzidas a partir do resultado de testes escritos fazem circular, também, o enunciado de que *"O que é escrito vale mais"*, ao tomar o domínio de um certo tipo de matemática, que se veicula no suporte escrito, como parâmetro decisivo para avaliação de competência, comparação de desempenhos, e estabelecimento de padrões a serem alcançados.

Para prosseguir na reflexão

A hegemonia dos enunciados *"homem é melhor em matemática do que mulher"*, *"mulher cuida melhor, mas precisa ser cuidada"* e *"o que é escrito vale mais"* não os torna, porém, invulneráveis a questionamentos e tensionamentos. É o que queremos discutir ao descrever, no próximo capítulo, o enunciado *"mulher também tem direitos"*.

---

[62] Maria Cláudia Dal'Igna (2007, p. 254) faz referências a pesquisas que recorrem à biologia para explicar diferenças do funcionamento cerebral entre meninos e meninas e que contribuem para "reiterar a superioridade masculina e a inferioridade feminina no que se refere ao desempenho escolar".

Capítulo VI

"Mulher também tem direitos": sobre a produção da igualdade de gênero e do tensionamento da superioridade masculina para matemática

Neste capítulo descrevemos mais um enunciado que disputa espaços com o enunciado do cuidado e tensiona o enunciado da superioridade masculina em matemática. Trata-se da recorrente afirmação de que "*Mulher também tem direitos*", sempre acompanhada por seu questionamento, que provoca fricções nos enunciados que descrevemos nos capítulos anteriores, mas também os reafirma, uma vez que, se dizemos que as mulheres *também* têm direitos, isso implica compreender que os homens sempre os tiveram.

A captura do enunciado

Iniciamos a descrição do enunciado "*mulher também tem direitos*", retomando a afirmação de Ana[63] de que "*Os homens deixou as mulheres fazerem tudo. De primeiro tudo era os homens que era o melhor. Ele era o chefe, ele era a cumeeira, era tudo. Hoje é nós. Hoje é nós*" e a de Eva, fazendo referência às suas responsabilidades na administração do lar: "*Lá em casa é Eva. É conta, é problema. Tudo é eu. Eu sou o homem e a mulher*". Os comentários dessas catadoras remetem a uma "conquista" de direitos forjada na necessidade de assumirem responsabilidades antes atribuídas aos homens. Quando se referem ao fato de os homens terem "deixado" as mulheres "fazerem tudo", não falam de permissão

---

[63] As enunciações de Ana e Eva já foram apresentadas no Capítulo IV, tensionando o enunciado "*mulher cuida melhor, mas precisa ser cuidada*".

concedida ou conquistada, mas de abstenção e espaço vazio, que convoca a força feminina para tomar as rédeas de sua vida e da vida de seus familiares.

Mas é o sentido da luta por direitos que faz esse enunciado ecoar nos aplausos das mulheres às suas colegas, catadoras, quando elas se posicionam como "sujeitos de direitos" nas disputas que se estabelecem no espaço da Associação. O enunciado *mulher também tem direitos* é muitas vezes expresso em manifestações de apoio ("*É isso mesmo*", "*Uh*", "*isso aí*"), que acompanham os aplausos, e no dizer sem palavras dessas mulheres, percebido no movimento afirmativo das cabeças em concordância com os posicionamentos assumidos pelas colegas. Ecoa, ainda, na escolha que fazem de uma mulher para coordenar os trabalhos delas e deles[64] na Associação, e nos aplausos que confirmam essa escolha.

É esse sentido de luta por direitos que também se identifica no modo como esse enunciado se faz ouvir quando Ana questiona as relações assimétricas que se estabelecem entre o pagamento feito ao trabalho feminino e ao trabalho masculino:

> [...] *vão supor, vai carregar o caminhão, vão supor, vai carregar o caminhão do [...], as mulheres, as mulheres podiam encher os caminhão tudo, ajudando os homens, mas só quem ganhava era os homens. Por exemplo, ele tava, o outro não tava, podia ter seis mulher lá, se tivesse dois homens, os dois homens ganhava, e as mulher não ganhava nada. Isso tudo é, isso tudo é desunião. Se o seu fulano vai ganhar dez, porque que não divide um pra cada um? Ou então, ninguém ganha nada. Falava não adiantava. Às vezes, os homens tava carregando os fardo pro carro, às vezes, as mulheres tava lá fora carregando o caminhão de grosso[65], de outro material, porque que só aqueles cá que podia ganhar e os de lá não podia? Então pra mim aquilo ali tudo era uma falta de união.*

O enunciado sobre os direitos da mulher também se apresenta, quando cinco mulheres lamentavam, na sala de aula, o roubo do

---

[64] Há, na forma de organizar a Associação, uma pessoa (catador ou catadora) responsável por coordenar o trabalho no galpão: distribuir tarefas, delegar responsabilidades, acompanhar o trabalho, verificar o cumprimento das tarefas, etc.

[65] Papelão e plástico.

papel branco[66] que elas haviam limpado no dia anterior e o problema que esse roubo lhes acarretava: menos dinheiro a receber. Apesar de indignadas, seus lamentos eram acompanhados de uma certa resignação: *"Fazer o quê? Isso virou moda. Só Deus para ter misericórdia".* É na chegada de Alda, catadora que negocia com os compradores, e no inconformismo com que reage ao relato das colegas sobre o roubo do material, que a força latente desse enunciado se manifesta:

> Alda chega à sala de aula. Uma mulher fala sobre o roubo, e ela começa a reclamar em voz alta:
>
> Alda: *Não tô aguentando isso aqui. É o pessoal daqui mesmo que rouba. É os home que é assim com os outro. Eu não concentro no meu quadro.*
>
> Sâmia, outra catadora que não frequenta as aulas, vem até o espaço da sala e se dirige a Alda, pedindo para ela aproveitar e ir falar com a televisão (que estava lá para produzir uma reportagem sobre a Associação).
>
> Alda diz: *Eu não aguento mais falar.*
>
> (silêncio)
>
> Depois de um tempo levanta-se e diz saindo da sala:
>
> Alda: *É as mesmas pessoas. É os homem. Vou lá falar...*

Esse enunciado se multiplica na convocação de Jô para que as mulheres fizessem cumprir as regras da Associação, fiscalizando o trabalho dos homens e enfrentando aqueles que se achavam no direito de descumpri-las: *"Hoje vai ter confusão. Nós só tá esperando. O Tito está sem trabalhar há 28 dias e falou que hoje vem e vai trabalhar. Nós não pode deixar.[67] Ele tá falando que manda aqui também. Quero só ver".*

Também permeia o relato sobre como realizam seus negócios, adentrando num mundo antes restrito a ação masculina, reafirmando sua desenvoltura e independência para se locomover nesse mundo:

---

[66] O papel branco é um dos materiais recicláveis mais procurados para a compra e vendido a um melhor preço (R$ 0,20/kg).

[67] Pelas regras da Associação, depois de vinte e cinco dias sem trabalhar, a pessoa não é considerada associada. Para retornar ao trabalho deve ser feita uma votação, em assembleia.

Pesquisadora: *Seu marido não interfere nessas coisas que você faz, não?*

Cida: *Não, o que é meu é meu, o que é dele é dele.*

Pesquisadora: *Como o que é seu é seu, o que é dele é dele?*

Cida: *Não, ele sabe, né. Igual quando eu tava trocando a minha casa, né. Ele foi e falou assim: "Você sabe quê que você tá fazendo?". Eu falei assim: "Eu sei". Aí, só que eu tomei prejuízo, né. Mas só que eu não queria ficar naquela rua, né. Aí eu peguei e troquei.*

Pesquisadora: *Uhum...*

Cida: *Aí, ele falou assim: "Você não tá arrependida, não?". "Nem um pouco". Aí eu troquei quatro cômodos de laje em seis cômodos de telha. Aí eu fui e troquei.*

Pesquisadora: *Ô Cida, mas aí as coisas são suas ou dele também?*

Cida: *Não, é minha.*

Pesquisadora: *Uhum...*

Cida: *Quando é dele eu nem... ah, quando é dele, ele faz o que quer, né? Mas se ele precisa de alguma coisa assim, ele fala assim: "Ô Cida, eu tava precisando daquele negócio". Aí eu falo assim: "Se você me pagar, você pode pegar".*

Pesquisadora: *Uai, Cida, você faz negócio até com ele?*

Cida: *É ué.*

Pesquisadora: *É mesmo?*

Cida: *É ué, tem que pagar.*

Pesquisadora: *Por quê? Ele quer dispor de coisa sua?*

Cida: *Quando eu tinha muito animal, né, ele queria dispor de algum animal meu, né. Eu tô assim: "Se você me pagar, você pode dispor, se não for assim, tem jeito não".*

Pesquisadora: *Aí ele te paga, Cida? Sem criar caso?*

Cida: *Paga é, né, ele não gostava era de dar trem de comer pra dentro de casa.*

Essa independência é conquistada na assunção de uma posição de sujeito no discurso feminista, que permite a uma mulher ter suas preferências e seus bens, e tomar decisões sobre como administrá-los conforme seus interesses, suas necessidades e sua competência.

"Mulher também tem direitos": sobre a produção da igualdade de gênero
e do tensionamento da superioridade masculina para matemática

É o que também identificamos na explicação de Cida, que, além de catadora, trabalha como carroceira, sobre como define o momento e o preço de venda dos animais: *"Aí eu vou e aguardo. Na hora que eu precisar, eu vou e vendo"*; *"eu mesma ponho preço, assim: o animal bom de carroça..."*.

Entre as catadoras, diferentes gerações de mulheres assumem a posição que esse discurso lhes disponibiliza: a "mulher chefe de família", a "mulher líder comunitária"; a "mulher que no trabalho é a chefe"; a "mulher de negócios"; a "mulher independente"; a "mulher de visão"; a "mulher politizada"; a "profissional"; a "feminista"...

Essas mulheres, inspiradas pelo enunciado de que *"mulher também tem direitos"*, assumem que sabem, podem, devem ou precisam, pela força desse discurso, para além do espaço do doméstico, inserirem-se em outros espaços, antes guardados para e pelos homens. Nesse movimento de inserção, aparecem como decisivas as condições que conquistam na apropriação de práticas sociais que lhes habilitem a lidar com as demandas e as possibilidades de uma sociedade marcada pela quantificação – as práticas de numeramento. E é por serem assim decisivas que tratamos desse enunciado quando nos propomos a discutir as relações de gênero e matemática.

Mulheres e homens na ordem do discurso feminista

Podemos identificar o *campo discursivo* desse enunciado como o campo do discurso feminista que tem contemplado, de modo mais efetivo nos últimos 40 anos, as condições de vida das mulheres (sempre em relação às dos homens) e os modos como culturalmente se produzem situações de violência contra a mulher e relações de desigualdade entre elas e eles.

Como comentamos no Capítulo I, estudiosas desse campo mostram como a própria adoção do conceito de gênero encontra-se implicada linguística e politicamente na história do movimento feminista contemporâneo e como, na historicidade desse movimento, "heterogêneo e plural" (MEYER, 2003, p. 12), o uso desse conceito assume nuances, contornos e deslocamentos diversos. Entretanto, podemos dizer que, de certo modo, os estudos vão se concentrar na construção de uma história do feminino, na reversão da invisibilidade feminina e na denúncia das persistentes relações de violência e desigualdade vivenciadas pelas mulheres e acirradas pelos marcadores sociais de classe e de raça: nos espaços de trabalho; no acesso à educação e nas trajetórias escolares; na participação política; e nos espaços domésticos.

Estudos no campo da antropologia, da psicologia, da história, da literatura e da educação denunciaram "o silenciamento das mulheres na história" (PERROT, 2005b) e problematizaram as ausências ou a desvalorização delas em diversos campos da vida social. A reivindicação do direito à igualdade perpassou as ciências, as letras, as artes, o mundo acadêmico e o mundo doméstico, discutindo as restrições impostas às mulheres a esses mundos e nesses mundos. Esses estudos denunciaram a dupla jornada de trabalho, questionaram as ocupações das mulheres no mundo do trabalho, discutiram como algumas dessas ocupações foram sendo entendidas como "próprias" das mulheres – como a docência, por exemplo – levantaram informações antes inexistentes sobre a situação das mulheres, produziram estatísticas, narraram, apontaram, criticaram, procurando subverter "as desigualdades sociais, políticas, econômicas, jurídicas, denunciando a opressão e submetimento feminino" (LOURO, 1997, p. 18).

Essa produção discursiva sobre feminilidades, corpos, direitos, possibilidades, competências, prazeres, condições, e, às vezes, contraditoriamente, sobre "natureza e atributos", tensiona enunciados de outros campos, como aqueles que se ligam à cultura patriarcal, promovendo, assim, fricções no discurso do "cuidado do outro" e do "mundo doméstico como o 'verdadeiro' universo da mulher" (LOURO, 1997, p. 17, aspas da autora). A produção discursiva sobre feminilidades e direitos desestabiliza discursos masculinos e hegemônicos que permeiam os campos da economia, da justiça, da medicina, das comunicações, das leis. Dessa maneira, não apenas promove a ocupação pelas mulheres de atividades antes destinadas exclusivamente aos homens, mas, também, atingem o tecido social, ao estabelecer relações de gênero menos desiguais, produzindo outras feminilidades e outras masculinidades.

O fortalecimento (e o questionamento) do discurso sobre os direitos da mulher

Assistimos na contemporaneidade o fortalecimento do discurso sobre a igualdade de gênero quando esse discurso se *correlaciona* com enunciados de outros campos, como o campo do direito, da religião, da educação, da medicina, da economia, da comunicação de massa, da linguagem ou da matemática, entre tantos outros. Esse discurso disputa espaços e tensiona discursos hegemônicos, desses mesmos campos, instaurados para garantir e perpetuar desigualdades de gênero.

É essa disputa que alimenta os argumentos apresentados nas duas matérias publicadas no jornal *Folha de S.Paulo*, que selecionamos para mostrar como é tensa a circulação do enunciado dos direitos da mulher. Tais matérias, sob os títulos "É positivo o balanço do 1º ano da Lei Maria da Penha, que trata da agressão à mulher?" e "Para juiz proteção à mulher é diabólica", pautavam a violência contra a mulher. Essas matérias são apresentadas na íntegra, com os grifos que acrescentamos, para mostrar a conflituosa associação de campos discursivos produzida pelo enunciado *"Mulher também tem direitos"*.

A primeira matéria foi publicada na Seção Opinião - Tendências/Debates da edição de 22 de setembro de 2007. Como o próprio jornal adverte, os artigos publicados nessa seção "não traduzem a opinião do jornal". A autora dessa matéria é Nilcéa Freire, "55, médica e ministra da Secretaria Especial de Políticas para as Mulheres da Presidência da República".

É positivo o balanço do 1º ano da Lei Maria da Penha, que trata da agressão à mulher?

SIM
Uma lei que pegou?
Nilcéa Freire

Diz a tradição popular brasileira que tem lei que pega e lei que não pega. Pegar ou não pegar remete, antes de tudo, a saber se o **novo**

regramento é incorporado aos códigos de conduta da sociedade ou não. Nesse sentido, a **"Maria da Penha" é vitoriosa, ela pegou.**

Desde sua sanção (2006), o tema da violência contra a mulher – cuja invisibilidade foi combatida anos a fio por movimentos feministas e de mulheres – **virou pauta recorrente na imprensa, agenda obrigatória entre operadores do direito e profissionais da segurança pública, fenômeno editorial (mais de dez livros publicados) e inspiração para sambas e cordéis. Violência contra a mulher virou conversa de botequim.**

A questão invadiu o imaginário social. Outro dia, **uma menina de nove anos,** aluna da rede pública, perseguida por um menino que a ameaçava, reagiu: **"Cuidado, vou te botar na Lei Maria da Penha!".** Não há exemplo melhor do quanto essa lei penetrou na dimensão do simbólico no tecido social do país. Foi estabelecida a regra moral quanto à violência de gênero: a Lei Maria da Penha é a regra. Ao celebrarmos hoje o primeiro aniversário da lei, **temos um imenso horizonte de desafios e dificuldades** pela frente, mas uma rica e inédita experiência – e cabe a todos avaliá-la.

Desafios e dificuldades, aliás, historicamente previsíveis, pois esse tipo de violência **se assenta em uma estrutura social ainda machista e patriarcal.**

Os desafios, porém, são tão grandes quanto o patrimônio conquistado até aqui – que não é pouco. Mas poucas foram as iniciativas no âmbito dos Judiciários estaduais para criar **os Juizados Especiais de Violência Doméstica e Familiar contra a Mulher, previstos na lei.** Cabe ressaltar que a sua criação, **por força da Constituição e da estrutura federativa do Estado brasileiro,** está corretamente colocada no texto legal e muito depende da pressão social e da **sensibilidade dos Tribunais de Justiça estaduais.**

Num esforço de monitorar a implementação da lei, a **Secretaria Especial de Políticas para as Mulheres (SPM) demandou informações estatísticas aos TJs de todos os Estados.** O resultado alcançado até agora nos permite afirmar, a partir do retorno de 50% das informações solicitadas, que **é desigual a implementação da lei no país.** A região Centro-Oeste (CO), por exemplo, instaurou 3.501 processos criminais, enquanto o Sudeste (SE), apenas 2.994. Em relação às medidas protetivas de urgência, foram 1.723 (CO), 1.632 (Sul) e 1.207 (SE). Quanto às prisões em flagrante, foram 256 (Sul) contra 86 (SE). Por isso, é no mínimo prematuro afirmar que diminuiu ou aumentou a incidência do fenômeno, como também

> é impossível determinar as razões pelas quais em algumas cidades aumentou ou diminuiu o número de ocorrências/denúncias.
>
> **Estão as mulheres mais cautelosas para denunciar?** Ou a nova lei teria inibido os homens agressores com o fim da sensação de impunidade? Ou ambas as possibilidades? **Os sentimentos de homens e mulheres que vivem o ciclo da violência são ambíguos. Compartilham afeto e conflito. As mulheres, maiores vítimas,** dispensam julgamentos sobre covardias ou valentias. Precisam, sim, que o **Estado lhes assegure o cumprimento de leis, como a nossa Maria da Penha.**
>
> Para apoiar a implementação da lei, bem como para enfrentar a violência contra a mulher, **o governo** vai investir R$ 1 bilhão, entre 2008 e 2011, **em ações coordenadas pela SPM e diversos ministérios.** Entre elas, destacam-se a construção, a reforma e o reaparelhamento de **mais de 700 serviços especializados de atendimento à mulher (delegacias, defensorias, etc.),** a capacitação de **50 mil policiais** e **120 mil profissionais de educação,** além de **campanhas educativas e culturais de prevenção.**
>
> Mas é importante reafirmar, mais uma vez, a imperiosa necessidade da união de esforços entre todas as esferas e instâncias de poder e da sociedade para eliminar a violência entre nós. Por fim, para celebrar o primeiro ano de vigência da lei, fica o conselho cantado em samba por Alcione: "Comigo não, violão [...] Se tentar me bater/ Vai se arrepender [...] Porque vai ficar quente a/ chapa [...] Seu moço, se me der um tapa/ Da dona "Maria da Penha'/ você não escapa".

A segunda matéria foi publicada na seção Cotidiano, do mesmo veículo, em 21 de outubro de 2007, assinada pela jornalista Silvana de Freitas.

> **Para juiz, proteção à mulher é "diabólica"**
>
> Edilson Rodrigues considerou inconstitucional a Lei Maria da Penha, contra violência doméstica, e afirmou que o mundo é masculino. Segundo ele, homens que não quiserem ser envolvidos nas "armadilhas" dessa lei, que considera "absurda", terão de se manter "tolos".
>
> Alegando ver **"um conjunto de regras diabólicas"** e lembrando que **"a desgraça humana começou por causa da mulher",** um juiz

de Sete Lagoas (MG) considerou **inconstitucional** a Lei Maria da Penha e **rejeitou pedidos de medidas contra homens que agrediram e ameaçaram suas companheiras. A lei é considerada um marco na defesa da mulher contra a violência doméstica.**

"Ora, a desgraça humana começou no Éden: por causa da mulher, todos nós sabemos, mas também em virtude da ingenuidade, da tolice e da fragilidade emocional do homem. [...] **O mundo é masculino! A ideia que temos de Deus é masculina! Jesus foi homem!**"

A **Folha** teve acesso a uma das sentenças do juiz Edilson Rumbelsperger Rodrigues que chegou ao Conselho Nacional de Justiça. Em 12 de fevereiro, **sugeriu que o controle sobre a violência contra a mulher tornará o homem um tolo.** "Para não se ver eventualmente envolvido nas armadilhas dessa lei absurda, o homem terá de se manter tolo, mole, no sentido de se ver na contingência de ter de ceder facilmente às pressões." **Também demonstrou receio com o futuro da família.** "A vingar esse conjunto de regras diabólicas, a família estará em perigo, como inclusive já está: desfacelada, os filhos sem regras, porque sem pais; o homem subjugado." Ele chama a lei de "monstrengo tinhoso".

Rodrigues criticou ainda a "mulher moderna, dita independente, que nem de pai para seus filhos precisa mais, a não ser dos espermatozoides".

Segundo a Folha apurou, **o juiz usou uma sentença-padrão, repetindo praticamente os mesmos argumentos nos pedidos de autorização para adoção de medidas de proteção contra mulheres sob risco de violência por parte do marido.**

A **Folha** procurou ouvi-lo. A 1ª Vara Criminal e de Menores de Sete Lagoas informou que ele está de férias e que não havia como localizá-lo.

Sancionada em agosto de 2006, a Lei Maria da Penha (nº 11.340) aumentou o rigor nas penas para agressões contra a mulher no lar, além de fornecer instrumentos para ajudar a coibir esse tipo de violência.

Seu nome é uma homenagem à biofarmacêutica Maria da Penha Maia, agredida seguidamente pelo marido. Após duas tentativas de assassinato em 1983, ela ficou paraplégica. O marido, Marco Antonio Heredia, **só foi preso após 19 anos de julgamento e passou apenas dois anos em regime fechado.**

Em todos os casos em suas mãos, **Rodrigues negou a vigência da lei em sua comarca**, que abrange oito municípios da região

> metropolitana de Belo Horizonte, com cerca de 250 mil habitantes. O Ministério Público recorreu ao TJ (Tribunal de Justiça). Conseguiu reverter em um caso e ainda aguarda que os outros sejam julgados.

Nas reportagens apresentadas anteriormente vemos como o enunciado dos direitos da mulher provoca disputas em diversos campos discursivos: no campo jurídico, obrigado a produzir uma "lei que pegou" e que está nos dispositivos constitucionais, nas delegacias de polícia e nos tribunais de justiça; no campo religioso e no campo das ciências, quando elementos desses campos são trazidos para imputar às mulheres a culpa por provocar a própria situação de violência contra a ela;[68] no campo político, forjando a criação de uma Secretaria Especial de Políticas das Mulheres; nos campos jornalístico e literário, que produziram um "fenômeno editorial"; no campo do discurso pedagógico, que divulga a lei ("evocada por uma aluna") nos espaços escolares; nos campos discursivos das campanhas publicitárias, das conversas de botequim, dos sambas e dos cordéis.

Na escolha que fizemos dessas duas reportagens para mostrar a circulação, em diversos campos discursivos, do enunciado de que *"mulher também tem direitos"*, privilegiamos, entretanto, discursos que circulam no campo do discurso jurídico por constatarmos que as práticas de numeramento das mulheres pobres (SOUZA; FONSECA, 2009) são, muitas vezes, mobilizadas e constituídas em função da violência de gênero que vivenciam.

Estudiosas feministas que têm se dedicado a estudar as relações entre gênero e violência mostram como as situações de violência contra a mulher são históricas e permanecem presentes na sociedade brasileira (SOIHET, 2000; SAFFIOTI, 2004; NEGRÃO; PRÁ, 2005; SARTI, 2007). Essas situações de violência encontram-se narradas anteriormente e vêm sendo, de muitos modos, divulgadas pela mídia em jornais, revistas, programas de televisão, internet, etc. Dagmar Meyer, Carin Klein e Sandra Andrade salientam que, como resultados da "organização da sociedade civil e dos movimentos sociais de mulheres" (MEYER; KLEIN;

---

[68] A respeito de a mulher ser transformada na culpada pela violência que sofre cf. Saffioti (2004) e Butler (1998).

ANDRADE, 2007, p. 225), pelo menos no plano formal, há um conjunto de leis "trabalhistas, civis e criminais" (p. 225) que procuram garantir o acesso das mulheres à justiça em casos de violência de gênero de todos os tipos "à qual elas continuam, sim, muito expostas" (p. 225).

Entre as catadoras, contudo, a confiança na eficácia da aplicação dessas leis é ainda precária:

> *Falei* [pro policial] *que ele tava bebendo há vinte e cinco dias sem parar. A polícia aconselhou ele a parar de beber e mandou pra casa descansar. Não mexo mais com a lei. Se fosse mulher, ia pro xadrez, mas, homem... Agora tenho que me virar. Mudei para um buraquinho e a minha casa era boa. Quero sossego. Meus dois filhos quiseram ir comigo. Agora tenho que pagar aluguel, água, luz.* (Milva)

Assim como Milva, Graça, outra catadora, também nos relatou a violência do marido contra ela; Eva, por sua vez, contou-nos como "vivia apanhando do marido" até que um dia também *"bati nele fomos os dois pra cadeia, nunca mais apanhei"*; Ana fala sobre a filha que abandonou o marido *"porque ele era muito batedor"* e a própria Ana conta, durante a entrevista, como a possibilidade do uso da violência contra as mulheres implica diferenciações nas relações de trabalho.

Retornando à proposição de Joan Scott (1990) sobre o conceito de gênero, é preciso compreender que o gênero se liga a sistemas simbólicos e culturais, a conceitos normativos, a instituições e a organizações sociais e à produção de subjetividades. Essas questões não podem ser esquecidas ao evocarmos essas situações de violência contra a mulher, posto que tais situações se ligam a produções discursivas sobre corpos, sexo, sexualidade, direitos, desejos, leis etc. e funcionam como "princípio de produção, inteligibilidade e regulação que impõem uma violência e a racionaliza após o fato" (BUTLER, 1998, p. 41).[69]

---

[69] Consideramos que tratar da questão da violência contra a mulher não é uma tarefa fácil. Limitamo-nos a dizer que a estamos compreendendo encontrando sua justificação em toda uma produção discursiva sobre "o que é um homem" e o que "é uma mulher". Judith Butler (1998) pergunta sobre o que um tipo de análise pós-estrutural pode nos dizer sobre violência e sofrimento. Ficamos com algumas respostas/questionamentos da autora. O primeiro é:

"Mulher também tem direitos": sobre a produção da igualdade de gênero e do tensionamento da superioridade masculina para matemática

Nossa reflexão sobre gênero e matemática desenvolve-se em uma sociedade na qual as ações de violência[70] contra a mulher são históricas e em que, mesmo com avanços legais nesse sentido, tais ações ainda são muito frequentes. Faz-se, pois, necessário distinguir relações de poder e relações de violência.

Relações de poder e relações de violência se configuram de forma diferenciada para Foucault (1995b). Uma relação de poder "é um modo de ação que não age direta e imediatamente sobre os outros, mas que age sobre sua própria ação" (p. 243), estando, pois, aberta a possibilidade de "respostas, reações, efeitos, invenções possíveis" (p. 243). Por sua vez, a relação de violência é "uma espécie de dominação brutal" (FOUCAULT, 2006a, p. 232) que "age sobre um corpo, sobre as coisas; ela força, ela submete, ela quebra, ela destrói; ela fecha todas as possibilidades; não tem, portanto, junto de si, outro pólo senão aquele da passividade" (FOUCAULT, 1995b, p. 243). Essa é, para Foucault, "uma situação extrema de poder" (FOUCAULT, 2006a, p. 232).

Assim, quando analisamos as práticas de numeramento de mulheres e homens, é possível constatar que tais práticas se produzem, também, marcadas pela violência contra a mulher.

Quando duas catadoras deixam de denunciar uma situação de roubo de material que elas haviam limpado, porque *"o homem falou que tinha uma corrente lá pra nós e a gente que é mulher tem medo mesmo"* (Graça), elas se resignam a sobreviver com menos dinheiro, mas terão que criar novas estratégias de gestão do pouco dinheiro que têm para sobreviver.

"Talvez que as formas de violência devam ser entendidas como mais difusas, mais constitutivas e mais insidiosas do que modelos anteriores nos permitiriam ver" (BUTLER, 1998, p. 39); o segundo se refere ao questionamento feito por ela sobre o que é ou não considerado estupro do ponto de vista legal – "Aqui a política da violência opera regulando o que será e o que não será capaz de aparecer como um efeito da violência" (p. 40).

[70] O conceito de violência é aqui tomado como o propõe Heleieth Saffioti como "ruptura de qualquer forma de integridade da vítima: integridade física, integridade psíquica, integridade sexual, integridade moral" (SAFFIOTI, 2004, p. 17). Tomada sob a ótica das relações de gênero, a violência contra a mulher deve ser compreendida como produto das desigualdades históricas entre mulheres e homens, que são também produzidas culturalmente nos modos como se definem masculinidades e feminilidades. Sobre a violência contra a mulher, conferir os trabalhos de Heleieth Saffioti (2004), Télia Negrão e Jussara Reis Prá (2005), Carla Fonseca Lopes (2008). Conferir, também, o texto de Lourdes Bandeira (2019) sobre a constituição de um campo teórico e de investigação sobre violência de gênero.

Quando uma mulher sai de casa com uma filha e um filho, fugindo da violência do marido e muda *para um buraquinho* (Milva), e agora vai ter que arcar, sozinha com os custos do aluguel, mais uma vez a gestão das despesas e a produção de receitas demandarão esforços e criatividade renovados a cada dia.

Quando as catadoras deixam de coletar materiais recicláveis mais caros como o cobre, por exemplo, porque eles (os homens) ameaçam queimá-las, seus ganhos estão sendo subtraídos e elas entendem isso, embora não vejam como reagir.

Há, assim, nas tomadas de decisão que se veem obrigadas a assumir para garantir sua sobrevivência e a de seus filhos e suas filhas, a eleição de critérios sobre o que fazer dessas vidas, que envolvem relações matemáticas permeadas menos pela racionalidade cartesiana e muito mais pelas urgências, o drama e a dor causadas pela violência de gênero.

Nessas práticas de numeramento, não existem possibilidades para reinvenções e resistências. São situações que oprimem, destroem, cerceiam, colocam limites e promovem sempre relações de vantagens para os homens. Por sua vez, nessas situações de violência, toda uma rede discursiva é tecida, em relações de poder-saber, que procuram "naturalizar" as situações de violência contra a mulher. Quando o homem é tido como mais capaz de controlar, como detentor de maior força física, como tendo uma natureza incontrolável, e quando a mulher é vista como frágil, que precisa ser cuidada e, ao mesmo tempo, como perigosa, capaz de atrair e trair, a violência contra a mulher encontra sua justificação. Como nos lembra Foucault (2006a, p. 319), "o mais perigoso na violência é a sua racionalidade".

Se as situações de violência são situações extremas de poder, as relações de poder-saber que se estabelecem nas tensões entre o discurso dos direitos da mulher e da racionalidade como "atributo natural do homem", esgarçam o enunciado da superioridade masculina em matemática pelo protagonismo assumido pelas mulheres nas relações de trabalho, na organização da casa e ao aventurarem-se no "mundo dos negócios masculinos".

Posicionando-se no discurso feminista como mulher que também tem direitos, assim como os homens, Ana questiona a atitude

"Mulher também tem direitos": sobre a produção da igualdade de gênero
e do tensionamento da superioridade masculina para matemática

dos companheiros que encontram materiais de maior valor quando da triagem e levam para si sem pagar o devido valor à Associação: *"O povo leva, não pesa. Paulo pega e não pesa, por que se eu quero uma panela eu tenho que pesar? Isso tudo é desunião."*

Apropriando-se das construções discursivas que se constituem no e constituem os movimentos sociais, as mulheres posicionam-se como defensoras do sonho da produção coletiva. Os homens, por sua vez, não se preocupam em disfarçar seu posicionamento que os faz optar declaradamente (não veladamente como muitas mulheres) pela solução que lhes seja mais vantajosa. As práticas de numeramento que permeiam essas decisões são, pois, inspiradas por uma linha de raciocínio que leve à identificação (e opção) pelos melhores ganhos individuais, numa avaliação que toma a quantificação como critério primeiro, excluindo os imponderáveis (dignidade, pertencimento, solidariedade) da configuração de suas práticas de numeramento.

> Pedro: *O [preço do] material caiu demais. Tá barato demais. O pet nós vendia a um e quinze. Agora é quarenta centavos, abaixou demais E a produção caiu demais.*
>
> Marta: *A produção caiu, uai.*
>
> Pedro: *Se a produção subir o dinheiro sobe, se a produção baixar o dinheiro abaixa.*
>
> Pesquisadora: *E os compradores tão vindo comprar?*
>
> Alda: *Ó o material aí, minha filha. Não tem produção. O material aí...*
>
> Pedro: *O povo não tá aqui sabe por quê? Um muncado tá no lixo, sabe por quê? Porque o lixo tá dando mais do que aqui na Associação. Aqui é mais caro e lá no lixão é mais barato. Lá eles vende o pet solto a quinze centavos dentro da bolsa. Se você fizer trezentos quilos lá, você ganha quase trinta reais. Aqui é quarenta centavos. Aqui cê trabalha sete hora e meia é sete real e cinquenta. O que adianta? Adianta nada. O material aqui é mais caro e tem que render o material todo pra dá mais dinheiro. Se sai aqui cinco mil, seis mil tonelada é melhor procê. Agora não tá saindo não.*

Por sua vez, a perspectiva de união proposta por Ana é, porém, parametrizada por aquilo que ela considera ser justo com os que trabalham.

Esse papel foi limpo ontem, se ficasse aqui fora ia embora. O que você acha da situação: outro dia nós ganhamos muito branco, deu mais de quinhentos quilos e nós só queremos dividir com quem trabalhou. Vem esse povo que fica no lixão [faz sinal com a cabeça para o homem que chegou quando arrastávamos as sacas de material] *atrapalhando a gente e ainda quer receber. O que você acha?*

O que Ana reclama para si e para as outras mulheres da Associação é o direito de não repartir com quem não trabalhou (homens e/ou mulheres) o fruto do seu trabalho. Essa situação de exploração e, de modo especial, de roubo de material que se encontrava pronto para ser vendido produz relações muito específicas "com as contas": práticas de numeramento em que valores numéricos, pesos e quantidades em dinheiro são cotejados com outros valores como segurança, justiça e indignação.

Simone diz[71]: *Roubaram o grosso.*

Ana: *Essa quinzena nós não vai tirar nem trinta reais. Geraldo* [outro catador] *recebia cento e oitenta por mês para tomar conta a noite, esse pessoal não quis porque nós tava tirando cento e quarenta, por mês e ele cento e oitenta. Agora nós não tira é nada.*

Simone: *Nessa quinzena, nós tiramos oitenta e cinco centavos a hora. Agora a gente não vai tirar é nada. A gente trabalha de dia, e os outros roubam de noite.*

Poderíamos observar nessa cena que Ana, mulher em processo de alfabetização, portanto, como já relatamos, não autorizada pela escola a fazer matemática (escolar), e Sílvia, que afirma "*ter muita dificuldade com as contas*", remetem-se com propriedade a cálculos matemáticos. As operações matemáticas que permeiam as falas de Ana e Sílvia envolvem médias aritméticas, subtração com ideia comparativa, grandezas proporcionais... Mas, no discurso, desempenham o papel de argumento e não de mera informação sobre valores. Deslindam a teia de relações de poder por meio das quais seus ganhos

---

[71] Episódio flagrado pela pesquisadora e registrado no diário de campo.

estão sendo subtraídos e tensionam o enunciado da superioridade masculina em matemática.

Para prosseguir na reflexão

Até aqui, descrevemos enunciados que permeiam as relações entre gênero e matemática. Fabrica-se por esses enunciados uma ficção sobre as mulheres e os homens e sobre a matemática que produzem e usam. Essa ficção não se impõe, entretanto, sem tensionamentos que cabe às pesquisadoras e aos pesquisadores, às educadoras e aos educadores identificar, para que no embate dos discursos se possam produzir novas formas de relação mais igualitárias e libertadoras de mulheres e homens. Assim, no capítulo final deste livro, intitulado "Relações de gênero, tensões discursivas e práticas de numeramento", discutiremos essas tensões e suas repercussões para a compreensão das relações de gênero e matemática no campo da Educação Matemática.

Capítulo VII

Relações de gênero, tensões discursivas e práticas de numeramento

Nos capítulos anteriores, procuramos mostrar que as relações de gênero e matemática produzem-se em discursos que tensionam as práticas de numeramento, nelas se constituem e as constituem como práticas generificadas. Ao encerrarmos nossas reflexões (sempre provisórias) neste livro, queremos explicitar tensões discursivas entre esses enunciados (que enredam mulheres e homens nas verdades que produzem) e identificar repercussões desses discursos nas vidas que aqui trouxemos e nas vidas de todas e todos nós. Essa reflexão sobre essas tensões e repercussões quer ser um convite a professoras e professores, a pesquisadoras e pesquisadores do campo da Educação e, em particular, do campo da Educação Matemática, a postarem-se alertas aos jogos de poder e à produção de saberes sobre nossas vidas (e sobre tantas outras vidas) que, mantendo-nos enredadas e enredados nas teias do discurso, provocam produções, fabricações, legitimações e desigualdades.

Tensões

Foucault, no livro *A arqueologia do saber* (2005), nos mostra o discurso como um campo conflituoso em que os enunciados disputam espaços entre si procurando afirmar-se como "verdade". A coexistência dos enunciados que identificamos circulando na atualidade, e que nos propusemos a descrever, acontece nessa arena de conflitos, que se estabelece no tensionamento permanente desses enunciados.

Os capítulos que descrevem os enunciados: *"Homem é melhor em matemática (do que mulher)"*; *Mulher cuida melhor... mas precisa ser cuidada"*; *"O que é escrito vale mais"* e *"Mulher também tem direitos"* foram escritos com o propósito de mostrar essas disputas discursivas, que envolvem as práticas de numeramento num movimento permanente de tensão, batalhas incessantes entre os discursos. Podemos, desse modo, encontrar uma determinada prática de numeramento sendo atravessada por mais de um enunciado que, com maior ou menor força, procura conquistar *status de verdade*. Ao tensionar, sobrepujar ou solidarizar-se com outros, tais enunciados constituem práticas (e constituem-se nelas) disponibilizando posições a serem ocupadas por mulheres e homens nesses discursos.

Essas tensões são multiplicadas no material de análise que selecionamos para descrever a trama histórica desses discursos. Nesse material, tais enunciados, inseridos em diferentes campos discursivos, produzem tipos de mulheres e de homens: a mulher incapaz para a matemática, o homem capaz para a matemática; o homem mais focado, a mulher dispersa; o homem *trabalhador* e a mulher *trabalhadeira*, que trabalha fora e "consegue cuidar do marido, dos filhos (sempre no masculino) e dos afazeres domésticos"; a mulher (surpresa por ser) chefe de família, o homem chefe de família como destino natural; as "meninas rosas" e os "meninos azuis"; a mulher consumista, "gastadeira", sendo assim um "problema" para o homem; a mulher que se distrai com facilidade e não sabe o que quer, que não é objetiva, o homem objetivo, controlado, capaz de controlar seu orçamento, que não desperdiça tempo; a mulher que assume sua missão de mãe-trabalhadora, mulher que cuida e o pai que *participa* desse cuidado; a mulher esposa, a mulher que tem na maternidade sua missão central, a mulher sujeita à violência e que, também, é a *causa* dessa violência, a mulher que "desgraça a vida de um homem"; a mulher capaz de fragilizar emocionalmente um homem, o homem "dono do mundo", posto que "o mundo é masculino"; a mulher moderna "dita independente", a mulher de direitos; a menina que tem facilidade com a linguagem e o menino com as habilidades motoras; a boa aluna em matemática e o bom aluno em matemática.

Na produção desses tipos de mulheres e homens, argumentos de vários campos discursivos são evocados: da religião, da genética, da biologia, da economia, do direito, da linguagem, da medicina, da psicologia, da educação, da mídia, da matemática, do feminismo, etc., procurando dizer, a nós mulheres e homens, as "posições de sujeito" que devemos ocupar, nos diferentes discursos.

Nas instâncias discursivas que flagramos no material de análise, quem vimos ser convocado a dizer "sobre as mulheres e os homens" e "para as mulheres e os homens"? Muitas mulheres: catadoras, professoras, pesquisadoras, psicólogas, matemáticas, feministas, biólogas, geneticistas, médicas, secretárias de governo, defensoras dos direitos da mulher; e alguns poucos homens: catadores, funcionários da prefeitura, neurocientistas, biólogos e juiz. Há, portanto, critérios para a escolha desses enunciadores, critérios que "parecem basear-se no lugar que o sujeito ocupa nas relações de poder e nos sistemas de representação, bem como em para quem se fala, já que isso certamente constitui uma estratégia importante para o processo de interpelação[72] dos sujeitos" (PARAÍSO, 2007, p. 77).

Exemplificando essas batalhas de discursos, destacam-se, entre os acontecimentos discursivos que apresentamos ao longo deste livro, aqueles capturados por nós no que nos foi dado a conhecer das vidas de mulheres e homens, catadoras e catadores de materiais recicláveis.

Lembremos de Cida, que realiza vários negócios, inclusive com o marido (ou a despeito dele). Nas aulas de matemática, porém, Cida sempre se esquiva de participar e repete constantemente sua dificuldade para as contas. Durante a entrevista, ela refuta a constatação da pesquisadora de que a catadora seria "boa de negócios e em matemática", subvalorizando sua aptidão e o status das transações que realiza: *"não é negócio, é bargunha que a gente faz [...] porque eu não sou boa de conta mesmo não".* Com esse argumento, Cida ocupa um lugar no discurso *"da superioridade masculina em matemática".* Por outro lado, mostrando-se segura em relação aos negócios que faz, não apenas assume-se competente na gestão das operações aritméticas

---

[72] Sobre as questões relacionadas ao processo de interpelação dos sujeitos pelos discursos, cf. Paraíso (2007).

em que se vê envolvida, mas, até mesmo porque confia nessa competência, proclama-se sujeito das decisões, ocupando, assim, um lugar no enunciado de que *"Mulher também tem direitos"*.

Lembremos também de Alda, mulher que denunciava as prerrogativas masculinas e dizia *"não se concentrar no seu quadro"*, indignada com o roubo de material em pleno galpão da Associação: durante uma das aulas observadas, ao ser convidada pela professora a enunciar em voz alta os resultados de uma conta, permaneceu silenciosa; contudo, quase ao final da aula, fala para a colega:

> *Ontem tava explicando pro meu menino que eu ganho trezentos reais, então eu não tenho como pôr piso no chão. Com trezentos reais, eu pago luz, água, comida. Compro pão pra eles todo dia. Então o piso tem que esperar.*

Essa mulher, posicionada em sala de aula entre *os que não sabiam matemática*, mostra que seu silêncio é menos em decorrência de sua suposta incapacidade para a matemática do que de seu estranhamento ou sua timidez em relação aos modos escolares de se fazer matemática; a falta de intimidade de Alda com os procedimentos no formato escolar contribuem, entretanto, para que essa catadora se conforme em ocupar esse lugar de incapacidade produzido em práticas matemáticas escolares, profundamente generificadas. É essa mulher, todavia, que negocia com os compradores, discute os salários com funcionários do escritório e denuncia, em entrevista para um canal de televisão local, o roubo dos materiais. Os parâmetros, padrões, valores, necessidades que revestem as práticas de numeramento em que se envolve não se pautam pela racionalidade de matriz cartesiana, mas por decisões de uma vida que se equilibra entre o ter e o não ter, entre priorizar o alimento, a luz e a água, considerados, para a sobrevivência dos que dependem dela, mais importantes do que o tipo de chão em que pisam. Nessas práticas de numeramento, a mulher, *como mãe*, assume para si todo o cuidado e toda a responsabilidade material pela vida de seus filhos. É uma mulher que prevê, provê e controla: atitudes consideradas, em nossa sociedade, como "mais naturais" do mundo masculino, e permeadas por uma racionalidade que é valorizada e que se acusa as mulheres de não possuírem.

Lembremos, ainda, de outras mulheres (Ana, Arlete, Cecília, Cora, Eliane, Eva, Judite, Lia, Lucinda, Marta, Paula, Simone, Zélia), cujas enunciações e vivências alimentaram nossa reflexão. Referenciadas nelas, mostramos que o enunciado *"Mulher cuida melhor... mas precisa ser cuidada"* produz posições de sujeito que são ocupadas por mulheres de idades diferenciadas, inclusive por aquelas que se ressentem do fato de *"serem sozinhas"*: a mulher mãe que, além das atividades de cuidado com a casa e do trabalho na Associação, vende roupas para ajudar a filha; a mulher filha que é mãe de muitos filhos e filhas, e os cria também *"sozinha"*; a mulher avó, que continua a cuidar, a *"dar uma ajuda pros netos".*

Muito embora reclamem do *"ser mulher sozinha"*, ocupando um lugar no *discurso machista* de que deveriam estar *sendo cuidadas*, ao ocuparem posições de irmã mais velha, de mãe, de avó *no discurso da maternidade,* essas mulheres pobres não podem se "dar ao luxo de serem frágeis", de serem "cuidadas por um homem", nas situações de falta, de luta pela sobrevivência, de exploração. Não têm essa prerrogativa ("concedida" a mulheres de outras condições sociais) porque há vidas além das suas vidas que dependem exclusivamente delas, por causa de arranjos sociais que acabam por ser mais vantajosos para eles do que para elas: os homens, como não têm a obrigação primeira de cuidar, podem deixar com as mulheres seus filhos e filhas, não ajudar materialmente, assumir uma nova relação de forma despreocupada, delegar à mulher que distribua *o pouco do pouco* que eles recebem e ter o direito de ficar com uma parte do seu dinheiro, diferentemente das mulheres que atendem primeiro às necessidades daqueles e daquelas que estão sob seus cuidados, *"porque primeiro eu compro roupa pros meninos menor e, quando dá, eu compro pra minha menina e pra mim"* (Cida).

O enunciado *do cuidado*, paradoxalmente, solidariza-se ao enunciado dos *direitos da mulher* e produz para as mulheres o discurso da mulher forte, capaz de gerenciar sua vida, a vida dos filhos e das filhas. Assim esse enunciado do *cuidado* tensiona outro enunciado, também do campo da cultura patriarcal, de que *as mulheres são mais frágeis do que os homens*, não só "emocionalmente", mas também sem "força física". Podemos ler essa tensão no relato de Judite (62 anos), que sempre argumenta "ser mulher sozinha" e cuja filha conseguiu um empréstimo de mil reais para que ela, a mãe, pudesse fazer um banheiro. Judite sentia muitas dores na sala de aula porque ela mesma havia carregado, durante o fim de semana, sacos de cimento, caixa-d'água, vaso sanitário, areia *"porque eu não tenho dinheiro pra pagar o pedreiro e o material podia perder lá fora"*.

As vidas que aqui trouxemos nos mostram que, além do espaço da casa ser considerado naturalmente feminino, também o espaço do trabalho é marcado pela posição que as mulheres e os homens – catadoras e catadores, as pessoas responsáveis pelo grupo de apoio e os funcionários da prefeitura – assumem no discurso do cuidado. Reservam-se para as catadoras, exclusiva e *naturalmente*, atividades semelhantes às desempenhadas no espaço doméstico, às quais elas, por sua vez, *naturalmente* aderem: separar materiais, cuidar da limpeza, da cozinha, da horta, limpar os materiais, arrastar fardos, carregar caminhões, lavar os banheiros, etc.

Além do discurso do cuidado, apresenta-se, no espaço do trabalho, o *discurso da razão como posse do homem*, destinando-se a eles atividades que demandam operar máquinas, controlar equipamentos, desmontar peças, conferir a balança e, eventualmente, carregar caminhões, sendo, nessa última tarefa, *ajudados* pelas mulheres. Emerge, porém, nesse espaço, também *um discurso feminista* que faz as mulheres questionarem relações, reclamarem direitos, delegarem a si mesmas posições de comando, por exemplo, ao assumirem a venda de vidros. Atividades de venda são altamente valorizadas e só são exercidas por mulheres porque a pessoa responsável por tais atividades é designada por eleição, nessa Associação em que as mulheres estão em franca maioria.

Vemos, assim, o *discurso feminista* produzir fricções *no discurso machista* que vigora quase hegemônico, nesse espaço de minoria masculina.

Para as mulheres catadoras (e para tantas outras mulheres), parece ser a casa um espaço de seu domínio, no qual também exercem autoridade. Ao se desdobrarem nas práticas do cuidado e manterem materialmente as vidas sob seus cuidados, "ao garantirem a sobrevivência cotidiana com seu trabalho e, em grande parte, manterem a casa quando seus companheiros estão desempregados, ou quando vivem sozinhas" (SOIHET, 2000, p. 379), elas assumem o lar como um espaço controlado por elas. Nesse controle, elas negociam, saem às ruas, vendem produtos, compram e vendem casas, mostrando que as práticas de numeramento de muitas mulheres, mesmo aquelas práticas ligadas à organização da casa, ultrapassam atividades restritas a "cálculos sobre quantidades de alimentos", extravasam o âmbito da cozinha e da limpeza da casa, e impõem o enfrentamento de outras tantas relações quantitativas e métricas – o que nos permite supor que elas seriam tanto ou mais do que eles, "boas em negócios".

Entretanto, essa entrada feminina em práticas consideradas masculinas, como negociar imóveis ou animais, ou gerenciar uma atividade comercial, não acontece sem resistências e até hostilidades; e não rompem de maneira definitiva com os modos masculinos de organização da sociedade. Quando se envolvem na compra e venda de produtos diversos, procurando aumentar *"o pouco dinheiro que entra"* com o trabalho na Associação, essas mulheres se sujeitam a regras de exploração do jogo proposto pelo fornecedor, e fazem ecoar mais uma vez o enunciado de que *"mulher é pior em negócios (do que homem)"*, quase como um corolário do enunciado de que *"homem é melhor em matemática (do que mulher)"*.

Por outro lado, como já registramos, sendo maioria na Associação, aquelas mulheres, sob o efeito de enunciados produzidos no campo do *discurso feminista*, fazem valer, nas assembleias, os seus modos de organizar, colocam a si mesmas em lugares estratégicos na estrutura da Associação, como a venda de produtos, delegam a algumas delas a responsabilidade de negociar com os compradores, escolhem uma catadora para coordenar as atividades do grupo e uma outra para atuar no escritório. Na ocupação desses espaços, elas vivenciam (sendo alfabetizadas ou não) situações matemáticas nas quais devem calcular quantidade e peso de produtos vendidos (vidros, garrafas pet, papelão, grosso, papel branco), negociar com os compradores (estipular preços, conceder prazos, eventualmente, realizar descontos, criar situações para que a venda fique mais atraente), fazer notas de venda, receber o pagamento e dar o troco. Essas são atividades matemáticas realizadas com segurança por mulheres, embora circule também, nesse espaço, como efeito de uma cultura patriarcal, o enunciado de *"que mulher cede mais na hora de negociar"* (porque "mais emotiva e menos racional"; porque "não calcula direito"; ou porque "menos esperta" ou "menos agressiva" nos negócios).

Entretanto, o discurso da mulher de direitos não tem a mesma força no espaço da casa e da rua como tem no espaço do trabalho, onde elas são maioria e no qual esse discurso se apoia na autoridade do coletivo que lhes é conferida como mulheres participantes, como catadoras associadas, do "movimento nacional dos catadores". Há, assim, que se destacar a força dos movimentos sociais, capaz de colocar em circulação enunciados que tensionam, produzem fricções e podem produzir rupturas em discursos que, tomados como verdadeiros, promovem desigualdades diversas, entre as quais, desigualdades de gênero.

As tensões explicitadas na descrição desses enunciados nos fazem entender que, nas práticas de numeramento, discursos de diversos campos disputam espaços, configurando tais práticas, fixando identidades de gênero, e trazendo "ao invés de um modelo unitário e fixo do sujeito humano possuindo habilidades nos contextos, relacionadas a modelos de aprendizagem e transferência [...], a própria subjetividade localizada nas práticas" (WALKERDINE, 2004, p. 111).

Segundo Foucault (2005), o discurso é um lugar vazio, que pode ser ocupado por diferentes sujeitos e por mais de um sujeito ao mesmo tempo; um mesmo sujeito, também, ocupa posições diferentes em um mesmo discurso ou pode ocupar lugares em diferentes discursos. Portanto, o sujeito unitário, pensado na modernidade, multiplica-se, na perspectiva foucaultiana, ao ocupar posições diferenciadas no discurso. Portanto, na pulverização do sujeito em diferentes posições discursivas, "mulher" e "homem" não são categorias fixas e universais e as identidades de gênero são produzidas em campos discursivos sempre em disputa. Assim, a leitura que propomos das relações de gênero e matemática não pode atribuir a essas identidades um caráter homogêneo, de linearidade ou de essencialidade. Essa leitura as compreende constituindo-se em meio a diferenças, tensões e luta contra as desigualdades de gênero.

Repercussões

A última seção deste livro é um convite a pensarmos sobre as repercussões desses discursos sobre mulheres, homens e matemática no campo da Educação Matemática.

Em seus livros *The mastery of reason* (1988) e *Counting Girls Out: Girl and Mathematics* (2003), Valerie Walkerdine discute, apoiando-se na análise de diversificado material empírico, como as teorias do desenvolvimento cognitivo, ao proporem uma "sequência natural para o desenvolvimento", e ao tomarem o raciocínio lógico como "essência" do fazer e do saber matemáticos, tornam-se um discurso poderoso, no qual professoras e professores se posicionam quando, por exemplo, avaliam de modo diferente o desempenho matemático das garotas e dos garotos em testes e atividades matemáticas. O sucesso das garotas é tomado como parte da *capacidade natural* das meninas para seguir regras: por essa predisposição ao seguimento de regras, as meninas, disciplinadas que são no desenvolvimento das atividades, conseguem um bom resultado matemático. O sucesso dos garotos, por sua vez, é tomado como sendo fruto do *talento para a matemática, como uma habilidade que lhes é natural* (WALKERDINE, 2003). Raramente, segundo a autora, descrevem-se as garotas como "talentosas" ou "com pendor natural para a matemática", mesmo quando os comentários se referem às garotas que se saem bem em testes de matemática. Para elas, utiliza-se a palavra "dedicadas",[73] adjetivo que vem acompanhado das explicações, de docentes e de estudantes, de que elas são "boas garotas", que, mesmo não sendo "excelentes, dão o melhor de si".

Nas práticas analisadas pela autora, o comportamento mais agressivo dos garotos é tomado pelas professoras como indicativo de inteligência, "de quem sabe o que quer". Ainda que lhes falte "maturidade", considera-se que eles teriam uma "habilidade real" para matemática. Ao aluno que não consegue bons resultados em matemática, as explicações das professoras ressalvam sua inteligência e seu brilhantismo e a causa do seu fracasso é tomada como decorrência de sua natureza irrequieta, e de sua "dificuldade de concentração"

---

[73] *"hard-working"* (WALKERDINE, 2003, p. 85).

(WALKERDINE, 2003, p. 85), concluindo-se que os meninos têm problemas em se comportar (como parte da sua natureza masculina), mas que não lhes falta "habilidade para a matemática".

Nessas pesquisas, as meninas são descritas pelas professoras como maduras, como tendo boa atitude, que aprendem depressa a ser quietas e a conversar como adultas, contidas, mas ansiosas sobre a e na realização de suas atividades matemáticas. Portanto, são "boas alunas", aplicadas e que, se se "dedicarem", poderão ter sucesso em matemática. Os meninos são descritos como mais imaturos, como tendo alto potencial para a matemática, irrequietos, seguros e, mesmo quando eles apresentam insegurança e ansiedade frente às atividades matemáticas, isso é relativizado por meio de observações de que eles seriam menos "travados" e que responderiam quando estimulados. Nessas narrativas, a falta de confiança das garotas é tomada como "chave" para compreender as razões do seu insucesso nas atividades matemáticas escolares, enquanto os garotos são descritos como confiantes. Essa falta de confiança, a atitude de recato e uma "aparente burrice" das mulheres é, além disso, tomada como "parte do seu charme"[74] (WALKERDINE, 2003, p. 90), como estratégia de reforço do próprio discurso da incapacidade *natural* das mulheres para a matemática e da fragilidade feminina.

Evocamos esses estudos da autora para, mais uma vez, evitarmos as armadilhas que nos espreitam quando se analisam as relações de gênero e matemática em uma perspectiva cognitivista. Queremos enfatizar que tais relações se encontram em *ordens discursivas* engenhosamente produzidas, pautadas, na escola ou fora dela, por uma racionalidade cartesiana, e marcadas por um mundo organizado sob a ótica do masculino.

Assim, às mulheres, desde cedo, ainda lhes ensinam (e mães e professoras também ensinam a outras meninas) a falar nos momentos apropriados, a nos esforçar, a ser disciplinadas, a cuidar do corpo, a nos preservar, a não ser atiradas. É essa "natureza feminina" cuidadosamente fabricada que produz as práticas de numeramento das mulheres que se responsabilizam pelo cuidado com

---

[74] *"part of her whole charm".*

filhos e filhas (enteados e enteadas, sobrinhos e sobrinhas, irmãs e irmãos menores – ou maiores, netos e netas, bisnetos e bisnetas); que consideram suas as tarefas de cuidado da casa; que veem suas possibilidades de atuação profissional e de gozo de direitos civis cerceadas por uma série de impedimentos explícitos ou camuflados; que se resignam a arranjos desfavoráveis nas relações afetivas e no acesso a bens culturais e materiais. Os modos de produção de tais práticas se forjam já nos contextos de sala de aula, nos quais, por toda essa fabricação, espera-se que as mulheres aprendam a aguardar o outro falar, a não ser atiradas, a ser mais quietas, mais recatadas, mais tímidas. Quando assumem essas atitudes e gestos, porém, embora sejam louvadas por sua disciplina (ou por resignarem-se ao disciplinamento), são consideradas *menos capazes para fazer matemática do que os homens*, produzindo-se, assim, em um mundo organizado aos modos masculinos, o enunciado *de que homem é melhor em matemática (do que mulher)*.

Quando as mulheres (meninas, adolescentes, jovens, adultas, idosas) vão para a escola, elas levam os seus jeitos "aprendidos de ser mulher", que vão se *con*formando e sendo *con*formados em sala de aula como se fizessem parte da "sua natureza". O silêncio de grande parte das alunas nas aulas de matemática e, muitas vezes, o "aparente desinteresse" pela matéria refletem toda uma produção discursiva sobre o que constitui "ser uma boa mulher" e "uma boa aluna". Desse modo, nas atitudes de espera das alunas em sala de aula, na aplicação (sempre louvada) com que elas fazem as atividades, no acatamento às ordens e proposições da escola, na atitude de não dar a resposta "*para não atrapalhar os colegas*", e mesmo na avaliação de que o eventual não cumprimento desse *script* constitui um desvio, relações desiguais de gênero e matemática vão sendo engendradas.

Aos homens, entretanto, se reserva um outro conjunto de práticas nas quais seu destemor é admirado e sua "capacidade" e racionalidade são louvadas e consideradas favorecedoras de um bom desempenho em matemática. Silêncio e desinteresse nos alunos do sexo masculino são tomados antes como indisciplina do que incapacidade, manifestações de sua *natureza* indomável, que, nesse caso, não se submete aos rituais escolares.

As condutas de mulheres e homens nas práticas de numeramento nos mostram que o espaço escolar é um espaço de produção de identidades hegemônicas de gênero. No espaço da escola e pelo aparato discursivo que nela circula, que ela produz e nela se produz, a matemática é, constantemente, fabricada como um reduto masculino, ao mesmo tempo em que se fabricam, como "naturais", a razão como posse do homem, e a "falha", a "dificuldade" ou a "dedicação feminina" frente a essa matemática como "inerentes" à condição feminina. Como a vida é convocada na escola a servir ao "domínio da razão", o que prevalece como verdade é que homens são *naturalmente melhores em matemática do que mulheres*.

A matemática veiculada no espaço escolar é, pois, um campo masculino, no qual diferenças são produzidas como *naturais* e, como tal, produzem desigualdades que moldam os modos de *matematicar* na contemporaneidade. A escola é, assim, mais um agente na produção da supremacia masculina em matemática, contexto no qual o discurso – *"Homem é melhor em matemática (do que mulher)* – se produz como uma verdade, em meio a fantasias e ficções da razão.

Essas fantasias e ficções se constituem de um modo perigoso para as mulheres. Quando apontam a "falta matemática feminina" e, por causa dela, desencadeiam uma série de explicações para essa falta e mesmo de preocupações em superá-la, fantasias e ficções reafirmam a mulher como "ser em falta", que deve ser submetido a transformação e completamento. A escola que frequentam passa a ser assim o lugar em que aprenderão, a partir da aquisição de certas competências e habilidades matemáticas, a serem mais autônomas, como sonha a escola moderna (considerando que essa autonomia lhes falte). As práticas de numeramento que têm lugar no espaço escolar e que se pautam por uma racionalidade cartesiana inserem-se, assim, nesse propósito de moldar os corpos de alunos e alunas – destas mais do que daqueles, porque a elas mais falta e porque se espera que se submetam mais docilmente a essa moldagem.

Fora do contexto escolar, também, as práticas de numeramento disponibilizadas para as mulheres são naturalizadas como "femininas" por serem, muitas delas, produzidas sob a égide do discurso *do cuidado*. Permeadas pelas configurações que atam as mulheres à vocação para a maternidade, tais práticas lhes impõem obrigações (cuidar, prever, prover, administrar, suprir, etc.) que demandam "modos de matematizar" muitas vezes impossíveis de se pautarem por uma matemática de matriz cartesiana.

No mundo do trabalho, os "jeitos de ser homem" e os "jeitos de ser mulher", produzidos pelo discurso da "natureza biológica", produzem "jeitos de ser homem trabalhador" e "jeitos de ser mulher trabalhadora e trabalhadeira". Reservam-se assim, socialmente, modos de participação em práticas de numeramento para eles e para elas, que configuram distinções, desigualdades e opressões. Nessas relações de poder, produzem-se, como naturais "do masculino" e "do feminino", determinadas atividades matemáticas, que são demandadas nas práticas e que se organizam de maneira diferenciada: para eles, *dentro do controle de uma razão cartesiana*; e, para elas, como se, destituídas dessa razão, fossem, por isso, consideradas portadoras de uma deficiência.

As práticas femininas, cujas necessidades e demandas cotidianas acabam por trazer uma matemática que aqui denominamos "estranha aos caminhos da razão" (por se servirem de outros parâmetros, valores e critérios que diferem dos parâmetros, critérios e valores da matemática de matriz cartesiana, hegemônicos em nossa sociedade) não são reconhecidas, não são valorizadas e não são validadas como matemática, inclusive pelas próprias mulheres. Valorizam-se, validam-se e reconhecem-se como matemática os cálculos que os homens fazem, por escrito e até "de cabeça", pois, mesmo na ausência de um registro escrito, esses cálculos preservam valores associados à escrita: exatidão, generalidade e controle.

O que vemos na mobilização e constituição dessas práticas de numeramento é uma produção discursiva de *jeitos de ser mulher e jeitos de ser homem*, assumidos por mulheres e homens, e que produzem uma matemática do feminino e uma matemática do masculino, fortalecendo-se na, e fortalecendo a, razão como masculina e a *des*razão como feminina. Esses discursos, que tomamos como fantasias e ficções, funcionam como *verdades* – ao se incorporarem nas práticas educacionais, nas instituições como a família e a igreja, nos movimentos sociais, nas pesquisas educacionais, nas notícias de jornal, nas canções, na literatura, no espaço do trabalho, nas pesquisas de opinião, nos censos estatísticos – e produzem efeitos naquelas e naqueles e para aquelas e aqueles aos quais se destina. A fabricação da razão como masculina acarreta, assim, vantagens concedidas [aos homens] por uma sociedade que se norteia por essa razão; e a *des*razão fabricada como feminina impõe desvantagens, cuidados e preocupações com quem seria desprovido dessa razão [as mulheres], em uma sociedade que a valoriza e por ela se pauta.

Com efeito, todas essas ficções sobre tipos de feminino e tipos de masculino, razão, *des*razão, raciocínio, irracionalidades, controle, *des*controle, habilidades, cálculos exatos, capacidade de abstração, generalização, assepsia [da] matemática: são histórias contadas sobre mulheres, homens e matemática e são utilizadas para regular a nós, mulheres, e, de maneiras diferentes, também aos homens, autorizando ou interditando os corpos que podem falar de matemática (FERNANDES, 2018; LUNA; ESQUINCALHA, 2023). Portanto, também nas configurações das práticas de numeramento, a desigualdade de gênero não é *natural*, é *política*: cuidadosamente fabricada, tem efeitos decisivos na vida das mulheres e dos homens.

Para prosseguir na reflexão

Tomar as práticas de numeramento como práticas discursivas, na perspectiva foucaultiana, nos convoca a nos indagarmos sobre a que estratégias de conjunto respondem os discursos que produzem essas práticas e delas se realimentam. Qual (ou quais) vontade(s) de verdade faz(em) circular entre nós discursos hegemônicos sobre a razão como posse do homem, sobre o cuidado como naturalmente feminino e sobre a supremacia da escrita?

Amarrando um primeiro ponto que, no final deste livro, pretende ser ainda alinhavo e não arremate, poderíamos ensaiar ler nos enunciados que aqui descrevemos tentativas de disciplinamento dos homens e das mulheres, nas quais "ciências de gerenciamento populacional e que incluem estatísticas, epidemiologia, psicologia e avanços na medicina, direito e bem-estar social"[75] (WALKERDINE, 2003, p. 30)

---

[75] *"sciences of population management and they include statistics, epidemiology, psychology and developments in medicine, law and social welfare".*

são convocadas a dizer verdades sobre mulheres e homens. Nessas ciências, a matemática comparece como uma ferramenta central, convocada a produzir não só um conjunto de dados quantitativos, "irrefutáveis", destinados à regulação da população, como também um modelo de argumentação tomado hegemonicamente como critério de verdade.

As reportagens que trouxemos para compor a trama histórica dos enunciados podem ser lidas como outros veículos desse disciplinamento, que agem em vários discursos produzidos por diversos campos discursivos. Mas é a escola moderna e a matemática que nela se ensina, implicadas na produção do "sujeito racional", que vão desempenhar, nesse processo, um papel central na regulação do "cidadão", unindo dois discursos poderosos – da supremacia da escrita sobre a oralidade e da supremacia da matemática de matriz cartesiana sobre outros modos de matematicar – na produção de sujeitos sempre em falta com relação a essa razão.

Ao explicitarmos, neste livro, as tramas que enredam homens e mulheres em relações de gênero e matemática marcadas por intenções de disciplinamento e de fabricação de modos de vida, esperamos promover novos olhares sobre vidas: vidas de alunas e alunos em nossas salas de aula, de professoras e professores, de pesquisadoras e pesquisadores, de mães e pais, de trabalhadoras e trabalhadores...

Vidas ameaçadas por aprisionamentos em teias de poder, saber e verdade, que tomam essas vidas como objetos de atenção, de produção, de controle, de manipulação, de marcação e de individualização.

Este livro, ao discutir relações de gênero e matemática, quer ser um convite à produção de subjetividades mais livres e configura-se, assim, para nós, uma forma de luta: contra o que nos ata a nós mesmas e a nós mesmos; contra o que nos aprisiona; contra os modos como temos sido constantemente capturadas e capturados, em nossa própria história, por tantas verdades que não cansam de se produzir e de nos convocar a nos produzirmos.

Nosso desejo é que este livro seja e promova formas de luta, resistências e possibilidades de reexistências contra as muitas formas de aprisionamento dessas vidas, das nossas vidas, e de tantas outras vidas, produzidas, fabricadas, examinadas, tomadas como objeto de controle no campo da educação

> [...] para que [se] escamem algumas "evidências", ou "lugares-comuns"... de modo que certas frases não possam mais ser ditas tão facilmente, ou que certos gestos não mais sejam feitos sem hesitação; contribuir para que algumas coisas mudem nos modos de perceber e nas maneiras de fazer; participar desse difícil deslocamento das formas de sensibilidade e dos umbrais de tolerância (FOUCAULT, 2006a, p. 347, aspas do autor).

Referências

ANDRADE, M.S.; FRANCO, C.; CARVALHO, J. B. P. F. Gênero e Desempenho em Matemática. *Avaliação Educacional,* São Paulo, v. 27, n. 1, p. 77-98, 2003.

AUAD, D. *Feminismo:* que história é essa? Rio de Janeiro: DP&A, 2003.

BANDEIRA. L. M. Violência de gênero: a construção de um campo teórico e de investigação. In: HOLLANDA, H. B. (Org.). *Pensamento feminista Brasileiro:* formação e contexto. Rio de Janeiro: Bazar do Tempo, 2019, p. 293-313.

BARONAS, R. L. Formação discursiva em Pêcheux e Foucault: uma estranha paternidade. In: NAVARRO, P.; SARGENTINI, V. *Michel Foucault e os domínios da linguagem:* discurso, poder, subjetividade. São Carlos: Claraluz, 2004. p. 45-62.

BATISTA, A. A. G. Letramentos escolares, letramentos no Brasil. *Educação em Revista,* Belo Horizonte, n. 31, p. 171-190, jun. 2000.

BEAUVOIR, S. *O segundo sexo.* 5. ed. Rio de Janeiro: Nova Fronteira, 1980. v. 1.

BIRMAN, J. *Entre Cuidado e Saber de si:* sobre Foucault e a Psicanálise. Rio de Janeiro: Relume Dumará, 2000.

BORBA, M. C.; SKOVSMOSE, O. A ideologia da certeza em Educação Matemática. In: SKOVSMOSE, O. *Educação Matemática crítica:* a questão da democracia. Campinas, SP: Papirus, 2004. p. 127-158.

BRANDÃO, H. H. N. *Introdução à análise do discurso.* Campinas: Editora da UNICAMP, 1991.

BUJES, M. I. E. *Infância e maquinarias.* Rio de Janeiro: DP&A, 2002.

BUTLER, J. Fundamentos contingentes: o feminismo e a questão do pós-modernismo. *Cadernos Pagu,* Campinas, v. 11, p. 11-42, 1998.

CARNEIRO, S. Mulheres em movimento: contribuições do feminismo negro. In: HOLLANDA, H. B. (Org.) *Pensamento feminista Brasileiro:* formação e contexto. Rio de Janeiro: Bazar do Tempo, 2019, p. 271-289.

CARRAHER, T. N.; CARRAHER, D. W.; SCHILIEMANN A. L. *Na vida dez, na escola zero.* São Paulo: Cortez, 1988.

CHASSOT, A. *A Ciência é masculina? É sim, senhora!* São Leopoldo: Editora UNISINOS, 2003.

CORA C. *Poema dos becos de Goiás e estórias mais.* 6. ed. São Paulo: Global, 1984.

COURA, I. G. M. *A Terceira Idade na Educação de Jovens e Adultos:* Expectativas e Motivações. 2007. Dissertação. (Mestrado em Educação) – Universidade Federal de Minas Gerais, Belo Horizonte, 2007.

DAL'IGNA, M. C. Desempenho escolar de meninos e meninas: há diferença? *Educação em Revista,* Belo Horizonte, n. 46, p. 241-267, dez. 2007.

DAL'IGNA, C. M.; POCAHY, F. (Orgs.) *Produção de conhecimento em gênero, sexualidade e educação:* subversões, resistências e reexistências. São Paulo: Pimenta Cultural, 2021.

DELEUZE, G. *Foucault.* São Paulo: Brasiliense, 1988.

DESCARTES, R. *Discurso do Método; Meditações; Objeções e respostas; As paixões da alma; Cartas.* 2. ed. Trad. J. Guinsburg e Bento Prado Junior. São Paulo: Abril Cultural, 1983.

DREYFRUS H.; RABINOW P. *Michel Foucault:* Uma trajetória filosófica para além do estruturalismo e da hermenêutica. Rio de Janeiro: Forense, 1995.

ERNEST, P. Introduction. Changing views of the "gender problem" in Mathematics. In: WALKERDINE, V. *Counting Girls Out: Girl and Mathematics.* (New Edition). Londres: Virago, 2003, p. 1-14.

FARIA, J. B. *Relações entre práticas de numeramento mobilizadas e em constituição nas interações entre os sujeitos da Educação de Jovens e Adultos.* 2007. Dissertação (Mestrado) – Faculdade de Educação, Universidade Federal de Minas Gerais, Belo Horizonte, 2007.

FERREIRA, M. K. L. (Org.) *Idéias Matemáticas de Povos Culturalmente Distintos.* São Paulo: Global, 2002.

FERNANDES, F. S. Pelas bruxas de Agnesi no currículo: educabilidade de uma matemática no feminino. In: PARAÍSO, M. A.; CALDEIRA, M. C. S. (Org.) *Pesquisas sobre currículos, gêneros e sexualidades.* Belo Horizonte: Mazza Edições, 2018. p. 139-151.

FISCHER, R. M. B. *Adolescência em discurso:* mídia e produção de subjetividade. 1996. 297f. Tese (Doutorado em Educação) – Universidade Federal do Rio Grande do Sul, Porto Alegre, 1996.

FISCHER, R. M. B. Foucault e a análise do discurso em educação. *Cadernos de Pesquisa* (Fundação Carlos Chagas), São Paulo, n. 114, p. 197-223, 2001a.

FISCHER, R. M. B. Mídia e Educação da Mulher. Uma discussão teórica sobre modos de enunciar o feminino na TV. *Revista Estudos Feministas,* Florianópolis, v. 9, n. 002, p. 585-599, jul./dez. 2001b.

FIORENTINI, D. *Mapeamento e Balanço dos Trabalhos do Gt-19 (Educação Matemática) no Período de 1998 a 2001.* 25ª Reunião Anual da ANPEd, 2002, Caxambu.

FLAX, J. Pós-modernismo e relações de gênero na teoria feminista. In. HOLANDA, H. B. *Pós-modernismo e política.* 2. ed. Rio de Janeiro. Editora Rocco, 1991. p. 217-250.

FONSECA, M. C F. R. *Discurso, memória e inclusão:* reminiscências da Matemática Escolar de alunos adultos do ensino fundamental. 2001. 316f. Tese (Doutorado em Educação) – Faculdade de Educação, Universidade Estadual de Campinas, Campinas, 2001.

FONSECA, M. C. F. R. *Educação Matemática de Jovens e Adultos:* Especificidades, desafios e contribuições. Belo Horizonte: Autêntica, 2002.

FONSECA, M. C. F. R. A educação matemática e a ampliação das demandas de leitura e escrita da população brasileira. In: FONSECA, Maria da Conceição F. R. (Org.). *Letramento no Brasil: Habilidades Matemáticas:* reflexões a partir do INAF 2002. São Paulo: Global: Ação Educativa Assessoria, Pesquisa e Informação: Instituto Paulo Montenegro, 2004.

FONSECA, M. C. F. R. O sentido matemático do letramento nas práticas sociais. *Presença Pedagógica,* Belo Horizonte, p. 5-19, jul./ago. 2005.

FONSECA. M. C. F. R. Práticas de numeramento na EJA. In: CATELLI JUNIOR, R. (Org.) *Formação e prática na educação de jovens e adultos.* São Paulo: Ação Educativa, 2017.

FONSECA, M. C. F. R.; CARDOSO, C. A. Educação matemática e letramento: textos para ensinar Matemática, Matemática para ler o texto. In: NACARATO, A. M.; LOPES, C. E. *Escritas e Leituras na Educação Matemática.* Belo Horizonte: Autêntica, 2005. p. 63-76.

FONSECA, M. C. F. R.; CALDEIRA, M. C. S.; SOUZA, M. C. R. F. Gênero e Matemática: cadeias discursivas e produção da diferença nos artigos acadêmicos publicados no Brasil entre 2009 e 2019. *Bolema: Boletim de Educação Matemática,* v. 36, n. 72, p. 19-46, jan. 2022.

FOUCAULT, M. *Microfísica do Poder.* 18. ed. Rio de Janeiro: Graal, 1979.

FOUCAULT, M. *Vigiar e Punir:* nascimento da prisão. 27. ed. Petrópolis, Vozes, 1987.

FOUCAULT, M. *História da sexualidade:* A vontade de Saber. 13. ed. Rio de Janeiro: Edições Graal, 1988, v. 1.

FOUCAULT, M. (Coord.) *Eu, Pierre Rivière, que degolei minha mãe, minha irmã e meu irmão.* Rio de Janeiro: Graal, 1991, p. IX-XV.

FOUCAULT, M. Verdade e Subjetividade. *Revista de Comunicação e Linguagem,* Lisboa, n. 19, p. 203-233, 1993.

FOUCAULT, M. Tecnologías del yo y otros textos afines. Barcelona: Paidós, 1995a. p. 45-94.

FOUCAULT, M. O sujeito e o poder. In: DREYFRUS H.; RABINOW P. *Michel Foucault:* Uma trajetória filosófica para além do estruturalismo e da hermenêutica. Rio de Janeiro: Forense, 1995b, p. 231-249.

FOUCAULT, M. Michel Foucault entrevistado por Hubert L. Dreyfus e Paul J. Rabinow. In: DREYFRUS H.; RABINOW P. *Michel Foucault:* Uma trajetória filosófica para além do estruturalismo e da hermenêutica. Rio de Janeiro: Forense, 1995c, p. 253-278.

FOUCAULT, M. *A ordem do discurso.* 7. ed. Trad. Laura Fraga Sampaio. São Paulo: Loyola, 1996.

FOUCAULT, M. *As palavras e as coisas:* uma arqueologia das Ciências Humanas. 8. ed. São Paulo: Martins fontes, 1999.

FOUCAULT, M. *História da sexualidade:* O uso dos prazeres. 10. ed. Rio de Janeiro: Edições Graal, 2003.

FOUCAULT, M. (1969) *A arqueologia do saber*. 7. ed. Rio de Janeiro: Forense Universitária, 2005.

FOUCAULT, M. A água e a Loucura. In: FOUCAULT, M. *Problematização do Sujeito:* Psicologia, Psiquiatria e Psicanálise. Coleção Ditos & Escritos. 2. ed. Rio de Janeiro: Forense Universitária, 2006a, v. 1. p. 205-209.

FOUCAULT, M. *Estratégia, Poder-Saber*. 2. ed. Rio de Janeiro: Forense Universitária, 2006b, v.4.

FOUCAULT, M. A vida dos Homens Infames. In: FOUCAULT, M. *Estratégia, Poder-Saber*. Coleção Ditos & Escritos. 2. ed. Rio de Janeiro: Forense Universitária, 2006c, v. 4. p. 203-222.

GOMES, N. L. *A mulher negra que vi de perto*. Belo Horizonte: Mazza Edições, 1995.

GRAFF, J. H. O mito do alfabetismo. *Teoria & Educação*, Porto Alegre, v. 2, p. 31-64, 1990.

GRAFF, J. H. *Os Labirintos da Alfabetização*: reflexões sobre o passado e o presente da alfabetização. Porto Alegre: Artes Médicas, 1994.

GRANGER, G. G. Descartes. In: DESCARTES, R. *Discurso do Método; Meditações; Objeções e respostas; As paixões da alma; Cartas*. 2. ed. São Paulo: Abril Cultural, 1983.

GREGOLIN, M. do R. *Foucault e Pêcheux na análise do discurso*: diálogos& duelos. São Carlos: Claraluz, 2004a.

GREGOLIN, M. R. O enunciado e o arquivo: Foucault (entre)vistas. In: NAVARRO, P.; SARGENTINI, V. *Michel Foucault e os domínios da linguagem*: discurso, poder, subjetividade. São Carlos: Claraluz, 2004b, p. 23-44.

GROSSI, F. C. D. P. *Mas eles tinha que pôr tudo aí, ó! Isso tá errado, uai!... Seis... Eu vou mandar uma carta prá lá, que ele não tá falando direito, não!"*: mulheres em processo de envelhecimento, alfabetizandas na EJA, apropriando-se de práticas de numeramento escolares. 305f. Tese (Doutorado em Educação) – Universidade Federal de Minas Gerais, Belo Horizonte, 2021.

HÉBRARD, J. A escolarização dos saberes elementares na época moderna. In: *Teoria & Educação*, Porto Alegre, v. 2, p. 65-110, 1990.

HENRIQUES, R. *Raça e Gênero nos sistemas de ensino*: os limites das políticas universalistas na educação. Brasília, UNESCO, 2002.

HOLLANDA, H. B. *Explosão Feminista*: arte, cultura, política e universidade. 2. ed. São Paulo: Companhia das Letras, 2018.

HOLLANDA, H. B. (Org.) *Pensamento feminista Brasileiro*: formação e contexto. Rio de Janeiro: Bazar do Tempo, 2019.

INAF. 4º Indicador Nacional de Alfabetismo Funcional: *um diagnóstico para a inclusão social-Avaliação de Habilidades Matemáticas*. São Paulo: Instituto Paulo Montenegro/ Ação Educativa, 2004.

KLEIMAN, A. B. Introdução: O que é letramento In: KLEIMAN, A. (Org.) *Os significados do letramento*: uma nova perspectiva sobre a prática social da escrita. Campinas, SP: Mercado das Letras, 1995. p. 15-61.

Referências

KNIJNIK, G. *Exclusão e Resistência:* Educação Matemática e Legitimidade Cultural. Porto Alegre: Artes Médicas, 1996.

KNIJNIK, G. *Cultura e Matemática Oral:* implicações curriculares para a Educação de Jovens e Adultos do Campo. Seminário Internacional de Pesquisa em Educação Matemática, 2. Anais. São Paulo: SBEM, 2003 (publicação eletrônica).

KNIJNIK, G. Algumas dimensões do alfabetismo matemático e suas implicações curriculares. In: FONSECA, M. C. F. R. (Org.) *Letramento no Brasil:* habilidades matemáticas. São Paulo: Global: Ação Educativa: Instituto Paulo Montenegro, 2004. p. 213-224.

KNIJNIK, G. *Educação Matemática, culturas e conhecimento na luta pela terra.* Santa Cruz do Sul: EDUNISC, 2006a.

KNIJNIK, G. La oralidad y la escrita en la educación matemática: reflexiones sobre el tema. *Educación Matemática,* v. 18, p. 149-166, 2006b.

KNIJNIK, G. Cultura, currículo e matemática oral na Educação de jovens e adultos do campo. In: MENDES, J. R.; GRANDO, R. C. (Org.). *Múltiplos olhares:* matemática e produção de conhecimento. São Paulo: Musa Editora, 2007. p. 31-47.

KNIJNIK, G.; WANDERER, F. A vida deles é uma matemática: regimes de verdade sobre a educação matemática de adultos do campo. *Educação Unisinos,* v. 10, p. 56-61, 2006.

LARROSA, J. Tecnologias do eu e educação. In: SILVA, T. T. (Org.) *O sujeito da educação:* estudos foucaultianos. Petrópolis: Vozes, 1994, p. 35-86.

LIMA, C. L F. *Estudantes da EJA e materiais didáticos no ensino de matemática.* 2012. 139 f. Dissertação (Mestrado) – Universidade Federal de Minas Gerais, Faculdade em Educação, Belo Horizonte, 2012.

LOURO, G. L. Gênero, História e Educação: construção e desconstrução. In: *Educação e Realidade.* Porto Alegre, v. 20, n. 2, p. 101-132, jul./dez. 1995.

LOURO, G. L. Nas redes do conceito de gênero. In: MEYER, D. *et al.* (Orgs.) *Gênero e saúde.* Porto Alegre: Artes Médicas, 1996, p. 7-18.

LOURO, G. L. *Gênero, Sexualidade e Educação:* Uma perspectiva pós-estruturalista. Petrópolis: Vozes, 1997.

LOURO, G. L. Gênero, sexualidade e educação: das afinidades políticas às tensões teórico-metodológicas. *Educação em revista,* Belo Horizonte, n. 46, p. 201-218, dez. 2007.

LOPES, C, F. Violência de Gênero. *Actas dos ateliers do V Congresso Português de Sociologia. Sociedades Contemporâneas: Reflexividade e Acção.* Lisboa, 2007.

LUNA, J.; ESQUINCALHA, A. C. Para quais corpos é permitido falar matemática? *Boletim GEPEM,* [S. l.], n. 83, p. 05-27, 2023. DOI: 10.4322/gepem.2023.010. Disponível em: https://periodicos.ufrrj.br/index.php/gepem/article/view/816. Acesso em: 18 maio 2024.

MACHADO, R. Introdução. Por uma genealogia do Poder. In: FOUCAULT, M. *Microfísica do Poder.* 18. ed. Rio de Janeiro: Graal, 1979, p. VII-XXIII.

MACHADO, L. Z. Feminismo, academia e interdisciplinaridade. In: BRUSCHINI, C.; COSTA, A. (Orgs.) *Uma questão de Gênero.* Rio de Janeiro: Rosa dos Tempos, 1992, p. 15-23.

MACHADO, L. Z. Gênero, um novo paradigma? *Cadernos Pagu,* Campinas, v. 11, p. 107-125, 1998.

MAINGUENEAU, D. *Novas tendências em análise do discurso.* 3. ed. Campinas: Pontes, 1997.

MARINHO, M.; CARVALHO, G. T. (Orgs.) *Cultura escrita e letramento.* Belo Horizonte: Editora da UFMG, 2010.

MEYER, D. E. E. Gênero e Educação: teoria e política. In: LOURO, G. L; NECKEL, J, F; GOELLNER, S. V. (Org.) *Corpo, Gênero e Sexualidade:* um debate contemporâneo na Educação. Petrópolis: Vozes, 2003, p. 9-27.

MEYER, D. E. E.; RIBEIRO, C.; RIBEIRO, P. R. M. *Gênero, Sexualidade e Educação. "Olhares" sobre algumas das perspectivas teórico-metodológicas que instituem um novo G.E.* 27ª Reunião Anual da ANPEd, Caxambu, 2004.

MEYER, D. E. E; LOURO, G. L. Apresentação. *Educação em revista,* Belo Horizonte, n. 46, p. 197-199, dez. 2007.

MEYER, D. E. E.; KLEIN, C.; ANDRADE, S. S. Sexualidade, prazeres e vulnerabilidade: implicações educativas. *Educação em revista,* Belo Horizonte, n. 46, p. 219-239, dez. 2007.

MENDES, J. R. *Ler, escrever e contar: práticas de numeramento-letramento dos Kaiabi no contexto de formação de professores índios do Parque Indígena do Xingu.* 2001. 220f. Tese (Doutorado em Linguística Aplicada) – Instituto de Estudos da Linguagem, Universidade Estadual de Campinas, 2001.

MENDONÇA, A. A. N. *"Fechando pra conta bater":* a indigenização dos projetos sociais Xacriabá. 2014. 183 f. Tese (Doutorado em Educação) – Faculdade de Educação, Universidade Federal de Minas Gerais, Belo Horizonte, 2014.

MORAES, M. L. Q. Usos e limites da categoria gênero. *Cadernos Pagu,* Campinas, v. 11, p. 107-127, 1998.

MOTTA, M. B. Apresentação. In: FOUCAULT, M. *Problematização do Sujeito:* Psicologia, Psiquiatria e Psicanálise. Coleção Ditos & Escritos. 2. ed. Rio de Janeiro: Forense Universitária, 2006, v. 1. p. V-XXXIX.

NEGRÃO, T; PRÁ, J. R. *Violência de Gênero contra meninas.* Relatório de Pesquisa. Porto Alegre, 2005. Disponível em: http://www.redesaude.org.br/. Acesso em: 18 maio 2024.

PARAISO, M A. *Currículo e mídia educativa brasileira:* poder, saber e subjetivação. Chapecó: Argos, 2007.

PERROT, M. Identidade, igualdade e diferença: o olhar da história. In: PERROT, M. *As mulheres e os silêncios da História.* Bauru, SP: EDUSP, 2005a. p. 467-480.

PERROT, M. Introdução. In: PERROT, M. *As mulheres e os silêncios da História.* Bauru, SP: EDUSP, 2005b. p. 9-26.

POSSENTI, S. Apresentação da análise do discurso. *Glotta,* 12. S. José do Rio Preto, Unesp. p. 45-59. 1990.

POPKEWITZ, T. S.; LINDBLAD, S. Estatísticas educacionais como um sistema de razão: relações entre governo da educação e inclusão e exclusão sociais. In: *Educação & Sociedade,* Campinas, ano XXII, n. 75, p. 111-148, ago. 2001.

RIBEIRO, S. R. S. *Os saberes de mulheres e a etnomatemática.* Terceiro Congresso Brasileiro de Etnomatemática. 2008. Niterói. [*Anais eletrônicos*].

RIBEIRO, V. M. *Alfabetismo e Atitudes.* Campinas: Papirus, 1999.

SAFFIOTI, H. I. B. *Gênero, patriarcado, violência.* São Paulo: Editora Fundação Perseu Abramo, 2004.

SARTI, C. A. *A família como espelho:* um estudo sobre a moral dos pobres. 4. ed. São Paulo: Cortez, 2007.

SIMÕES, F. M. *Apropriação de práticas de letramento (e de numeramento) escolares por estudantes da EJA.* 2010. 172 f. Dissertação (Mestrado em Educação) – Universidade Federal de Minas Gerais, Faculdade de Educação, Belo Horizonte, 2010.

SIMÕES, F. M. *"Já li. Reli, reli, reli, reli de novo":* apropriação de práticas de leitura e de escrita de textos matemáticos por estudantes da Educação de Pessoas Jovens e Adultas (EJA). 2019. 176 f. Tese (Doutorado em Educação) – Universidade Federal de Minas Gerais, Faculdade de Educação, Belo Horizonte, 2019.

SCOTT, J. Gênero: uma categoria útil de análise histórica. *Educação e Realidade,* Porto Alegre, v. 20, n. 2, p. 5-22, jul./dez. 1990.

SCOTT, J. História das mulheres. In. BURKE, P. (Org.) *A Escrita da história:* novas perspectivas. São Paulo: Editora UNESP, 1992. p. 63-95.

SCOTT, J. Ponto de Vista. *Estudos Feministas,* Florianópolis, n. 1, p. 115-124, 1998.

SOARES, M. *Letramento:* um tema em três gêneros. Belo Horizonte: Autêntica, 2001.

SOARES, M. Letramento e escolarização. In: RIBEIRO, V. M. (Org.) *Letramento no Brasil, reflexões a partir do INAF 2001.* São Paulo: Global, 2004, p. 89-113.

SORJ, B. O feminismo na encruzilhada a modernidade e da pós-modernidade. In: BRUSCHINI, C; COSTA, A. (Orgs.) *Uma questão de Gênero.* Rio de Janeiro: Rosa dos Tempos, 1992, p. 15-23.

SOIHET, R. Mulheres pobres e violência no Brasil urbano. PRIORE, D. M. (Org.) *História das mulheres no Brasil.* 3. ed. São Paulo: Contexto, 2000, p. 362-400.

STREET, B. *What's "new" in the literacy studies? Critical approaches to literacy in theory and practice.* Kings College: London, 2003.

SOUZA, M. C. R. F. *Gênero e matemática(s):* jogos de verdade nas práticas de numeramento de alunos e alunas da Educação de Pessoas Jovens e Adultas. 2008. 319p. Tese (Doutorado em Educação) – Universidade Federal de Minas Gerais, Belo Horizonte, 2008.

SOUZA, M. C. R. F.; FONSECA, M. C. F. R. *Women, men and mathematics: a view based on data from the 4th National Functional Literacy Indicator (INAF-Brazil).* 11 ICME International Congress on Mathematical Education. Monterrey, Mexico, 2008a.

SOUZA, M. C. R. F.; FONSECA, M. C. F. R. Mulheres, homens e matemática: uma leitura a partir dos dados do Indicador Nacional de Alfabetismo Funcional. *Educação e Pesquisa,* São Paulo, v. 34, n. 3, p. 511-526, set./dez. 2008b.

SOUZA, M. C. R. F.; FONSECA, M. C. F. R. Conceito de Gênero e Educação Matemática: *Bolema.* São Paulo, ano 22, n. 33, p. 29-45. 2009a.

SOUZA, M. C. R. F.; FONSECA, M. C. F. R. Discurso e "verdade": a produção das relações entre mulheres, homens e matemática. *Revista Estudos Feministas,* Florianópolis, v. 17, n. 2, p. 595-613, maio./agosto 2009b.

SOUZA, M. C. R. F.; FONSECA, M. C. F. R. Territórios da casa, matemática e relações de gênero na EJA. *Cad. Pesqui.* [Online]. 2013a, vol. 43, n. 148, p. 256-279. ISSN 0100-1574.

SOUZA, M. C. R. F.; FONSECA, M. D. C. F. R. Práticas de numeramento e relações de gênero: tensões e desigualdades nas atividades laborais de alunas e alunos da EJA. *Revista Brasileira de Educação,* v. 18, n. 55, p. 921-938, out. 2013b.

SOUZA, M. C. R. F.; FONSECA, M. C. F. R. "Mulher é melhor em leitura do que homem"; Homem é melhor em matemática do que mulher": análise dos resultados de 10 anos do Inaf sob a perspectiva de gênero. In RIBEIRO, V. M.; LIMA, A. L. D'I; BATISTA, A. A. G. (Orgs.) *Alfabetismo e letramento no Brasil: 10 anos do INAF.* Belo Horizonte: Autêntica, 2015, p. 269-291.

SOUZA, M. C. R. F; FONSECA, M. C. F. R. Cenas de uma aula de matemática: território e relações de gênero na EJA. *Pro-posições,* São Paulo, v. 29, n. 3 (88), p. 138-163, set./dez. 2018. Disponível em: https://doi.org/10.1590/1980-6248-2017-0048. Acesso em: 18 maio 2024.

TFOUNI, L. V. *Letramento e alfabetização.* 2. ed, São Paulo: Cortez, 1997.

VALERO, P. *Social justice and mathematics education: Gender, Class, Ethnicity and the Politics of schooling.* Berlin: Freie Universitat Berlin and International. Organization of women and mathematics, 1998.

VEIGA-NETO, A. *Foucault & a Educação.* 2. ed. Belo Horizonte: Autêntica, 2004.

VIÑAO FRAGO, A. *Alfabetização na sociedade e na história:* vozes, palavras e textos. Porto Alegre: Artes Médicas, 1993.

WALKERDINE, V. *The mastery of reason.* London: Routledge, 1988.

WALKERDINE, V. O raciocínio em tempos pós-modernos. *Educação e Realidade,* Porto Alegre, v. 20, n. 2, p. 207-226, jul./dez. 1995.

WALKERDINE, V. *Counting Girls Out: Girls and Mathematics.* (New Edition). Londres: Virago, 2003.

WALKERDINE, V. Diferença, cognição e Educação Matemática. In: KNIJNIK, G.; WANDERER, F.; OLIVEIRA, C. J. (Orgs.) *Etnomatemática, Currículo e Formação de Professores.* Santa Cruz do Sul: EDUNISC, 2004, p. 109-123.

Outros títulos da coleção
Tendências em Educação Matemática

A matemática nos anos iniciais do ensino fundamental – Tecendo fios do ensinar e do aprender
Autoras: *Adair Mendes Nacarato, Brenda Leme da Silva Mengali e Cármen Lúcia Brancaglion Passos*

Afeto em competições matemáticas inclusivas – A relação dos jovens e suas famílias com a resolução de problemas
Autoras: *Nélia Amado, Susana Carreira e Rosa Tomás Ferreira*

Álgebra para a formação do professor – Explorando os conceitos de equação e de função
Autores: *Alessandro Jacques Ribeiro e Helena Noronha Cury*

Análise de erros – O que podemos aprender com as respostas dos alunos
Autora: *Helena Noronha Cury*

Aprendizagem em Geometria na educação básica – A fotografia e a escrita na sala de aula
Autoras: *Cleane Aparecida dos Santos e Adair Mendes Nacarato*

Brincar e jogar – Enlaces teóricos e metodológicos no campo da Educação Matemática
Autor: *Cristiano Alberto Muniz*

Da etnomatemática a arte-design e matrizes cíclicas
Autor: *Paulus Gerdes*

Descobrindo a Geometria Fractal – Para a sala de aula
Autor: *Ruy Madsen Barbosa*

Diálogo e Aprendizagem em Educação Matemática
Autores: *Helle Alrø e Ole Skovsmose*

Didática da Matemática – Uma análise da influência francesa
Autor: *Luiz Carlos Pais*

Educação a Distância online
Autores: *Marcelo de Carvalho Borba, Ana Paula dos Santos Malheiros e Rúbia Barcelos Amaral*

Educação Estatística – Teoria e prática em ambientes de modelagem matemática
Autores: *Celso Ribeiro Campos, Maria Lúcia Lorenzetti Wodewotzki e Otávio Roberto Jacobini*

Educação Matemática de Jovens e Adultos – Especificidades, desafios e contribuições
Autora: *Maria da Conceição F. R. Fonseca*

Etnomatemática – Elo entre as tradições e a modernidade
Autor: *Ubiratan D'Ambrosio*

Etnomatemática em movimento
Autoras: *Gelsa Knijnik, Fernanda Wanderer, Ieda Maria Giongo e Claudia Glavam Duarte*

Fases das tecnologias digitais em Educação Matemática – Sala de aula e internet em movimento
Autores: *Marcelo de Carvalho Borba, Ricardo Scucuglia Rodrigues da Silva e George Gadanidis*

Filosofia da Educação Matemática
Autores: *Maria Aparecida Viggiani Bicudo e Antonio Vicente Marafioti Garnica*

Formação matemática do professor – Licenciatura e prática docente escolar
Autores: *Plinio Cavalcante Moreira e Maria Manuela M. S. David*

História na Educação Matemática – Propostas e desafios
Autores: *Antonio Miguel e Maria Ângela Miorim*

Informática e Educação Matemática
Autores: *Marcelo de Carvalho Borba e Miriam Godoy Penteado*

Interdisciplinaridade e aprendizagem da Matemática em sala de aula
Autoras: *Vanessa Sena Tomaz e Maria Manuela M. S. David*

Investigações matemáticas na sala de aula
Autores: *João Pedro da Ponte, Joana Brocardo e Hélia Oliveira*

Lógica e linguagem cotidiana – Verdade, coerência, comunicação, argumentação
Autores: *Nílson José Machado e Marisa Ortegoza da Cunha*

Matemática e arte
Autor: *Dirceu Zaleski Filho*

Modelagem em Educação Matemática
Autores: *João Frederico da Costa de Azevedo Meyer, Ademir Donizeti Caldeira e Ana Paula dos Santos Malheiros*

O uso da calculadora nos anos iniciais do ensino fundamental
Autoras: *Ana Coelho Vieira Selva e Rute Elizabete de Souza Borba*

Pesquisa em ensino e sala de aula – Diferentes vozes em uma investigação
Autores: *Marcelo de Carvalho Borba, Helber Rangel Formiga Leite de Almeida e Telma Aparecida de Souza Gracias*

Pesquisa Qualitativa em Educação Matemática
Organizadores: *Marcelo de Carvalho Borba e Jussara de Loiola Araújo*

Psicologia da Educação Matemática
Autor: *Jorge Tarcísio da Rocha Falcão*

Tendências Internacionais em Formação de Professores de Matemática
Organizador: *Marcelo de Carvalho Borba*

Este livro foi composto com tipografia Minion Pro e impresso em papel Off-White 70 g/m² na Formato Artes Gráficas.